U0254248

中国城镇供热发展报告

2023

中国城镇供热协会　编著

中国建筑工业出版社

图书在版编目（CIP）数据

中国城镇供热发展报告 . 2023 / 中国城镇供热协会
编著 . —北京：中国建筑工业出版社，2024.7.
ISBN 978-7-112-30101-0

I. TU995

中国国家版本馆 CIP 数据核字第 20249GL302 号

责任编辑：张文胜　杜　洁
责任校对：赵　力

中国城镇供热发展报告2023

中国城镇供热协会　编著

*

中国建筑工业出版社出版、发行（北京海淀三里河路9号）
各地新华书店、建筑书店经销
北京科地亚盟排版公司制版
廊坊市海涛印刷有限公司印刷

*

开本：880 毫米 ×1230 毫米　1/32　印张：9¼　字数：183 千字
2024 年 7 月第一版　　2024 年 7 月第一次印刷
定价：**80.00**元
ISBN 978-7-112-30101-0
（43033）

编委会

参 编 单 位

北京市热力工程设计有限责任公司

清华大学建筑节能研究中心

宝石化同方能源科技有限公司

乌鲁木齐热力（集团）有限公司

安阳益和热力集团有限公司

北京纵横三北热力科技有限公司

淄博市热力集团有限责任公司

临汾市热力供应有限公司

国家电投集团东北电力有限公司大连开热分公司

天津泰达津联热电有限公司

河北邢襄热力集团有限公司

阳城县蓝煜热力有限公司

建投河北热力有限公司

支 持 单 位

北京市（13家）

北京市热力集团有限责任公司

北京京能热力股份有限公司

北京博大开拓热力有限公司

北京京能热力发展有限公司

北京北燃供热有限公司

北京纵横三北热力科技有限公司

北京北燃热力有限公司

北京新城热力有限公司

北京科利源热电有限公司

北京高科能源供应管理有限公司

北京实创能源管理有限公司

北京嘉诚热力有限公司

北京北方供热服务有限公司

天津市（3家）

天津能源投资集团有限公司

天津泰达津联热电有限公司

盾安（天津）节能系统有限公司

河北省（20家）

石家庄华电供热集团有限公司

东方绿色能源（河北）有限公司石家庄热力分公司

建投河北热力有限公司

承德热力集团有限责任公司

唐山市丰南区鑫丰热力有限公司

唐山市热力集团有限公司

唐山曹妃甸热力有限公司

安新县寰慧凯盛热力有限公司

涿州市京热热力有限责任公司

沧州热力有限公司

河北昊天热力发展有限公司

中电洲际环保科技发展有限公司

三河新源供热有限公司

廊坊市广达供热有限公司

秦皇岛市热力有限责任公司

秦皇岛市富阳热力有限责任公司

中环寰慧（沙河）节能热力有限公司

河北邢襄热力集团有限公司

中环寰慧（南宫）节能热力有限公司

中电寰慧张家口热力有限公司

山西省（11家）

太原市热力集团有限责任公司

阳城县蓝煜热力有限公司

京能大同热力有限公司

临汾市热力供应有限公司

文水山高供热有限公司

阳泉市热力有限责任公司

中环寰慧（河津）节能热力有限公司

中环寰慧（垣曲）节能热力有限公司

永济市盾安热力有限公司

山西康庄热力有限公司

长治市城镇热力有限公司

内蒙古自治区（4家）

呼和浩特市城市燃气热力集团有限公司

包头市热力（集团）有限责任公司

包头市华融热力有限责仕公司

赤峰富龙热力有限责任公司

辽宁省（11家）

沈阳惠天热电股份有限公司

辽宁普天绿能科技有限公司

辽宁华兴热电集团有限公司

国家电投集团东北电力有限公司大连大发能源分公司

国家电投集团东北电力有限公司大连开热分公司

大连裕丰供热集团有限责任公司

抚顺市热力有限公司

阜新市热力有限公司

锦州润电热能有限公司

锦州热力（集团）有限公司

营口热电集团有限公司

吉林省（6家）

吉林省春城热力股份有限公司

长春市供热（集团）有限公司

长春经济技术开发区供热集团有限公司

吉林市热力集团有限公司

中节能吉林供热服务有限公司

辽源市热力集团有限公司

黑龙江省（10家）

捷能热力电站有限公司

哈尔滨哈投投资股份有限公司供热公司

哈尔滨太平供热有限责任公司

大庆市热力集团有限公司

宝石花同方能源科技有限公司

大庆宝石花热力有限公司

牡丹江热电有限公司

齐齐哈尔阳光热力集团有限责任公司

鸡西市热力有限公司

鹤岗市热力公司

山东省（16家）

济南热力集团有限公司

济南和盛热力有限公司

济南热电集团有限公司

青岛能源热电集团有限公司

青岛顺安热电有限公司

泰安市泰山城区热力有限公司

威海热电集团有限公司

烟台经济技术开发区热力有限公司

烟台东昌供热有限责任公司

邹城恒益热力有限公司

中环寰慧（蒙阴）节能热力有限公司

临沂市新城热力集团有限公司

淄博市热力集团有限责任公司

枣庄市中区热力有限公司

枣庄中环寰慧热力有限公司

菏泽吉源热力有限公司

河南省（10家）

郑州热力集团有限公司

安阳益和热力集团有限公司

中环寰慧（焦作）节能热力有限公司

中环寰慧（博爱）节能热力有限公司

偃师市寰慧节能热力有限公司

洛阳热力集团有限公司

法电（三门峡）城市供热有限公司

长垣盾安节能热力有限公司

鹤壁盾安供热有限公司

民权县新源热力有限公司

陕西省（3家）

西安市热力集团有限责任公司

西安瑞行城市热力发展集团有限公司

中环寰慧（澄城）节能热力有限公司

甘肃省（9家）

兰州热力集团有限公司

兰州新诚热力有限公司

甘肃红太阳热力有限公司

天水市供热有限公司

天水城际热力有限公司

武威市城区集中供热有限公司

中环寰慧（张掖）节能热力有限公司

中环寰慧（酒泉）节能热力有限公司

中环寰慧（景泰）节能热力有限公司

宁夏回族自治区（2家）

宁夏电投热力有限公司

中环寰慧（吴忠）节能热力有限公司

青海省（1家）

西宁天诚热力有限公司

新疆维吾尔自治区（4家）

乌鲁木齐热力（集团）有限公司

新疆广汇热力有限公司

乌鲁木齐华源热力股份有限公司

新疆和融热力有限公司

新疆生产建设兵团（1家）

新疆天富能源股份有限公司供热分公司

安徽省（2家）

合肥热电集团有限公司

中环寰慧（宿州）节能热力有限公司

贵州省（1家）

贵州鸿巨热力（集团）有限责任公司

建筑冬季供热是关乎百姓生活的民生大事。然而仅北方城镇建筑供热的用能就占到全国建筑运行用能总量的约 1/4，占全国能源总量的约 5%；所导致的碳排放也占到全国碳排放总量的约 6%。另外，目前冬季建筑供热大量使用化石能源，排放大量大气污染物，是冬季 $PM_{2.5}$ 超标和出现雾霾现象的主要原因之一。这样，如何保障冬季的建筑供热以保民生；如何实现供热的节能、减排和清洁，以实现可持续发展，成为城市绿色发展必须面对的重大问题之一，也一直是各级政府、相关供热企业和城市居民关注的热点问题。我国提出"双碳"目标，建筑的零碳供热成为我国低碳发展所必须面对的重大挑战之一。我国有近万个国有和民营的供热企业，有几十万在建筑供热第一线工作的职工队伍。建筑供热事业的发展和进步是这支队伍奋斗的结果；供热领域的任何变化又与这些职工的工作、生活息息相关。提高供热的服务水平，实现供热的节能降耗、低碳和清洁，是这支队伍多年来为之奋斗的目标，直接联系着这几十万供热人的苦乐兴衰。

实现建筑供热行业健康发展的基础是对现实状况的深入了解和认识，这需要建立在全面的定量化统计和分析的基础之上。长期以来，供热行业一直缺少全面的定量统计数据，相关决策只能建立在对行业的定性认识和少量案例分析的基础上。而缺乏反映行业基本状况的数据，也使得各个供热企业只能是"粗放管理"，无法对其经营状况做出科学诊断，从而也就很难通过管理和技术上的改进，使企业不断发展进步。出于对此的认识，中国城镇供热协会把全国供热行业的基础数据统计作为关乎全行业发展的大事来抓。从2017年开始，成立了专门的工作班子，并联系全国各个供热企业，开始建设覆盖全行业的供热行业统计系统。在各个供热企业的大力支持和积极配合下，逐渐建立了可准确反映供热行业实际运行和经营状况的统计体系，也形成了由各个供热企业统计人员组成的统计队伍。2018年第一次在供热行业内部发布了统计结果，并相继发布了4次全国供热统计分析报告。本书是在这些工作的基础上，第三次成书，并向全社会公开出版发行，这是供热行业的一件大事，标志着这一行业从基本定性管理迈向定量化管理这一重大转变的开始，标志着我国供热行业管理和技术重大飞跃的起步。

我国拥有世界最大的城镇集中供热系统，北方地区集中供热总规模也居世界首位，并遥遥领先于世界第二。近年来在国家清洁供热、"双碳"目标和改善民生的战略布局推动下，全行业供热人开创性工作，在清洁热源替换以降低排放、优化运行参数以提高用能效率、利用信息技术以实现智慧供热等方面都取得了突出成果，很多技术成果实际上已经位于世界同行业的领先水平。然而，缺乏全行业系统的统计数据，企业运行管理和技术分析还不能实现完全的定量化，成为全行业长期的诟病。自 2022 年开始，年度行业发展报告的编写完成和出版标志着我国供热行业在定量化管理上的重大突破，同时也是我国集中供热技术和管理水平整体上进入世界前列的标志。

供热行业各项定量化指标的建立，全行业以这些指标体系为基础的统计数据的完成，使每个供热企业的运行管理和技术分析都有了可对照的标准，都可以清楚了解自身的水平，存在的差距，以及经过努力可能达成的目标。供热行业定量化指标体系的建立和其对应数值的发布，为供热企业实现精细化定量管理打通了技术障碍，提供了实施操作基础。这是对供热行业技术进步的重大贡献。

这一成果的取得，是中国城镇供热协会统计工作小组全体成员辛勤努力和开创性工作的成果，也是参与统计工作的全国各个供热企业统计人员克服困难、积极配合的结果，更是全行业供热人鼎力支持、以大局为重，协调一致所取得的成就。没有坚忍不拔的工作精神、没有科学严谨的工作态度、没有全行业的相互协同，这项任务不可能实现。感谢统计小组的成员，感谢在各个供热企业为此做出贡献的每一位统计员，也感谢支持、帮助和领导统计工作的各位供热企业领导，真心地感谢！

希望这一工作能够持之以恒。开头难，持续下去更难，但只有长期坚持下去，才能使其真正产生前面所列出的这些重大效果。维护目前的统计规模，并不断扩充新的供热企业进入统计范围，把本报告涵盖的供热企业和供热面积从目前的不足40%，逐渐增加到70%，这样就使其能够真正全面反映我国供热行业状况，也可使更多的供热企业通过对标实现精细化管理，真正实现我国供热行业的大进步。

也希望各个供热企业的领导和同仁对这一统计工作给予更多的关注和支持。理解统计人员的辛苦，认识科学统计可以给企业带来的进步和收益，给统计人员和统计工作更多的帮助和支持。

当然更希望全社会关注这本报告。建筑供热既是涉及全社会的民生大事，又是节能减排、低碳发展的重要"战场"。希望社会各界通过这本报告给出的数据更了解供热行业，也更理解供热人的喜怒哀乐。只有得到全社会的理解、帮助和支持，才能更好地把供热行业做好，才能更好地为全社会做好服务。

期盼着来年的统计报告，更期盼报告中反映出整个行业全面进步的数据，那是我们几十万供热人奋斗的结果。

2024 年恰逢中华人民共和国成立 75 周年。

75 年来，我国城镇供热行业在党和政府的关怀下，在相关管理部门、供热单位和供热员工的不断努力下，经历了从无到有、从小到大、从弱到强的发展过程。截至 2022 年，全国集中供热面积 137.8 亿 m^2，北方地区城镇建筑供暖总面积达到 167 亿 m^2，城市集中供热管网覆盖率和供热面积规模居世界第一，同时行业在节能减排、保障民生、安全运营、科技创新等方面也取得了突出成就。

我国冬季供暖区域辽阔、地理气候条件不同、供热系统建设年代不同、管网敷设方式多种多样，造成我国供热管网系统的复杂性世界少有；又由于各区域经济水平和能源禀赋不同，供热系统的技术标准、能效质量状况和经营管理水平参差不齐，在"碳达峰、碳中和"的背景下，供热行业的发展面临巨大挑战。

为了帮助政府及有关部门、行业从业人员、高校和研究机构科研工作人员尽可能客观、全面了解行业整体状况，2022年，我们编写出版《中国城镇供热发展报告 2021》。本报告是中国城镇供热协会（以下简称协会）连续发布的第三个年度发展报告。

报告主要内容依据分布在我国严寒和寒冷地区以及少数夏热冬冷地区的 127 家供热企业 2021—2022 供暖期（其中财务数据为 2022 年度）6 大类、365 项、3 万多条统计数据，经整理、分析而得。统计范围涉及集中供热面积 41.7 亿 m^2，占 2022 年度参加统计的供热企业所在城市集中供热面积的 57%，占全国城市集中供热面积的 37.5%。

全书共 6 章。第 1 章包含"城镇供热行业发展情况""城镇供热行业年度相关政策"和"城镇供热行业新技术发展"三部分内容；第 2、3 章主要展示 2021—2022 供暖期统计数据，包括企业基础信息、供热系统基础数据、供热经营基础数据、供热能耗指标水平等；第 4 章选取能效、能耗等 10 项指标进行行业排名，公布了 127 家供热企业中排名前 25% 的行业能效领跑企业名单；第 5 章介绍了近 5 年统计的 49 家供热企业管理效率、经营、能耗统计指标的变化，指出了行业平均供暖成本大幅上涨、各地供热补贴缺口较大等问题；第 6 章展示 11 家 2023 年度能效领跑优秀企业案例，供同行学习和参考。

与《中国城镇供热发展报告 2022》相比，本书新增了"行业新技术发展""行业主要指标发展变化""企业人员类型分析""企业人工成本分析""企业能源成本构成"等内容，对供热企业供热规模、管理效率、行业上下游价格倒挂、全网综合能耗变化趋势等行业热点问题进行了分析。

为了摸清家底，更好地促进行业健康发展，协会自 2017

年以来面向供热企业会员单位开展统计工作，2023 年是第 7 个年头。本书是协会统计工作项目组共同的劳动成果，报告中的每一个数据都离不开参与统计工作的供热企业的支持以及统计员的辛勤付出，同时也感谢多家企业提供的优秀案例。协会统计工作一直以来得到江亿院士大力支持和指导，并纳入协会技术委员会年度工作内容，同时本书在编写过程中也得到诸多领导和专家的指点和帮助，在此一并表示衷心的感谢！

欢迎广大的行业同仁对本报告提出宝贵意见！

中国城镇供热协会统计工作项目组

2024 年 3 月 30 日

目录

第 **1** 章

中国城镇供热行业概况

1.1 行业发展情况

1.1.1 供热行业概述

秦岭—淮河一线，是我国南北方气候分界线，也是南北方供热区域的分界线。我国城镇供热传统区域主要为北方 15 省（直辖市、自治区）。近年来，随着物质条件的改善和人民对美好生活的向往，其他一些冬季寒冷地区如川西、西藏、贵州以及长江中下游部分地区也在发展供热。

2024 年是新中国成立 75 周年，从新中国成立初期到现在，我国城镇供热行业从无到有、从小到大，直到今天发展成为全球最大规模的集中供热系统，总体来说经历了三个发展阶段。

20 世纪 50 年代初期，根据国家第一个五年计划，北京、保定、石家庄、郑州、洛阳、西安、兰州、太原、包头、长春、吉林、哈尔滨等城市参照苏联的模式建设了一批热电厂，向工业区供应工业生产用热，同时使用电厂余热向周边的民用建筑和公共建筑供暖。这些热电厂的建设，奠定了我国城市集中供热发展的基础。20 世纪 80 年代以前，我国城镇供热行业发展缓慢，技术、设备和经营管理都比较落后，采用中小型热电联产机组和区域锅炉房零散建设了一些小型集中供热系统。1980 年，全国共有 10 个城市建设了集中供热设施，"三北"（东北、西北、华北）地区集中供热面积为 1124.8 万 m^2。

改革开放以来，我国国民经济进入快速发展的轨道，也为城镇供热行业带来了生机。为引导行业健康、有序发展，全国人大、国务院以及相关部门陆续出台了一系列法律法规和政策。1979 年，全国人大颁布《中华人民共和国环境保护法（试行）》，提出"在城市要积极推广区域供热"。1981 年 2 月，国务院发布《国务院关于在国民经济调整时期加强环境保护工作的决定》，提出"在城市规划和建设中，要积极推广集中供热和联片供热"。1986 年 2 月，建设部、国家计划委员会发布了《关于加强城市集中供热管理工作的报告》，对城市集中供热方针、管理体制、建设资金渠道、价格政策、供热立法和管理工作等提出了意见并指明了方向，为集中供热发展奠定了重要的政策基础。从此，城镇集中供热进入快速发展期。1981 年，北方地区 15 个城市实现集中供热，供热面积仅为 1167 万 m^2[1]。1989 年，北方地区有 81 个城市开展了集中供热，城市集中供

---

① 数据来源：《中国城乡建设统计年鉴 2022》。

热面积 19386 万 m^2[①]。进入 20 世纪 90 年代，集中供热已成为中国北方地区城镇冬季供暖的主导模式。截至 1999 年，我国北方地区集中供热面积突破 10 亿 m^2。

进入 21 世纪，我国城镇供热行业迎来高歌猛进的时代。2003 年 7 月 21 日，建设部等八部委联合下发《关于印发〈城镇供热体制改革试点工作的指导意见〉的通知》，提出稳步推进城镇用热商品化、供热社会化，停止福利供热；逐步实行按用热量计量收费制度；继续发展和完善以集中供热为主导、多种方式相结合的城镇供热系统；深化供热企业改革，积极培育和规范供热市场。这次供热体制改革的核心目标是将供热从纯福利品转变为商品，并要求供热企业提高供热安全保障度和供热的效率。

2005 年，《建设部　国家发展和改革委员会　财政部　人事部　民政部　劳动和社会保障部　国家税务总局　国家环境保护总局关于进一步推进城镇供热体制改革的意见》就供热价格改革问题明确要求：城镇供热实行政府定价，并按照合理补偿成本、合理确定收益、维护消费者利益的原则，完善供热价格形成机制。同年，鉴于市场上煤炭价格快速增长，严重影响供热企业的正常运营和供热，在广泛深入调研和征求意见的基础上，国家发展改革委、建设部联合印发了《关于建立煤热

---

① 数据来源：《中国城乡建设统计年鉴 2022》。

价格联动机制的指导意见》，将"热力出厂价格与煤炭价格联动"，启动了热价调整机制的改革。

2006 年 8 月，《国务院关于加强节能工作的决定》正式发布，强调加强供热计量，推进按用热量计量收费制度，完善供热价格形成机制，培育有利于节能的供热市场。2006 年 9 月，建设部发布了《建设部关于贯彻〈国务院关于加强节能工作的决定〉的实施意见》，部署加快城镇供热体制改革的具体工作。

随着上述政策的出台以及相关工作的落实，探索和推进城镇供热体制改革对推动行业节能减排、规模发展和技术进步起到了重要作用。根据《中国城乡建设统计年鉴 2022》的数据，从 2000 年到 2022 年，城市供热面积从 11.08 亿 m^2 增长至 111.25 亿 m^2；与此同时，县城供热面积更是增长了近 30 倍，从 2000 年的 0.67 亿 m^2 增长到 2022 年的 20.86 亿 m^2（表 1-1）[①]。

1981—2022 年全国城市、县城集中供热情况 表 1-1[②]

年份	城市					县城				
	供热能力		管道长度		供热面积（亿 m^2）	供热能力		管道长度		供热面积（亿 m^2）
	蒸汽（t/h）	热水（MW）	蒸汽（km）	热水（km）		蒸汽（t/h）	热水（MW）	蒸汽（km）	热水（km）	
1981 年	754	440	79	280	0.12	—	—	—	—	—
1985 年	1406	1360	76	954	0.27	—	—	—	—	—

---

① 数据来源：《中国城乡建设统计年鉴 2022》。
② 数据来源：《中国城乡建设统计年鉴 2022》。

续表

年份	城市					县城				
	供热能力		管道长度		供热面积（亿 m²）	供热能力		管道长度		供热面积（亿 m²）
	蒸汽（t/h）	热水（MW）	蒸汽（km）	热水（km）		蒸汽（t/h）	热水（MW）	蒸汽（km）	热水（km）	
1990 年	20341	20128	157	3100	2.13	—	—	—	—	—
1995 年	67601	117286	909	8456	6.46	—	—	—	—	—
2000 年	74148	97417	7963	35819	11.08	4418	11548	1144	4187	0.67
2005 年	106723	197976	14772	71338	25.21	8837	20835	1176	8048	2.06
2010 年	105084	315717	15122	124051	43.57	15091	68858	1773	23737	6.09
2015 年	80699	472556	11692	192721	67.22	13680	125788	3283	43013	12.31
2020 年	103471	566181	425982		98.82	18085	158186	81366		18.57
2022 年	125543	600194	493417		111.25	21185	161207	97240		20.86

2016 年以来，推动北方地区清洁取暖工作成为国家的重要部署。2016 年中央财经领导小组第十四次会议指出，推进北方地区清洁取暖是事关民生的六件大事之一。2017 年 9 月，住房和城乡建设部、国家发展改革委、财政部、能源局联合发布《住房城乡建设部　国家发展改革委　财政部　能源局关于推进北方采暖地区城镇清洁供暖的指导意见》。2017 年 12 月，国家发展改革委、国家能源局、财务部等联合发布《关于印发北方地区冬季清洁取暖规划（2017—2021 年）的通知》。2018 年 7 月，国务院印发《打赢蓝天保卫战三年行动计划》。在这些政策的指导下，行业清洁供热工作稳步推进并取得巨大成效。截至 2022 年底，全国清洁供热面积超过 175 亿 m²，完成散煤替代超过 1.5 亿 tce，提前完成《北方地区冬季清洁取暖

规划（2017—2021 年）》中的目标[①]。

近年来实现"双碳"目标成为各行各业的重要任务。2021年 10 月，中共中央、国务院印发《中共中央 国务院关于完整准确全面贯彻新发展理念做好碳达峰碳中和工作的意见》。2022 年 6 月，住房和城乡建设部、国家发展改革委发布《住房和城乡建设部 国家发展改革委关于印发城乡建设领域碳达峰实施方案的通知》，明确到 2030 年前，城乡建设领域碳排放达到峰值，力争到 2060 年前，城乡建设方式全面实现绿色低碳转型。实施 30 年以上老旧供热管网更新改造工程，加强供热管网保温材料更换，推进供热场站、管网智能化改造，到2030 年城市供热管网热损失比 2020 年下降 5 个百分点。"双碳"目标下，城镇供热行业进入大力推进清洁供热和能源转型的发展阶段。

回顾新中国成立 75 周年供热行业的发展历程，在全行业近 50 万人的共同努力下，供热行业取得了可喜的成就。不仅形成全球最大供热规模，形成了以热电联产为主导、多种供热形式为辅的高效、稳定、可靠的集中供热模式，节能工作也取得了良好的成效。根据清华大学《中国建筑节能年度发展研究报告 2024（农村住宅专题）》的数据，2002—2022 年北方城镇建筑供暖总面积增加了接近 2 倍（2002 年为 61 亿 m^2），能耗

———————————

① 数据来源：国家能源局官方网站。

总量增加却不到 1 倍，2002—2022 年供暖单耗由 27.3kgce/m^2 降低至 13.0kgce/m^2。

同时，我国城镇供热在教育科研、规划设计、工程建设、运行管理、技术装备、用户服务等方面的水平都有较大提高，为城镇供热行业高质量发展提供了有力的保障。

1.1.2　集中供热面积

根据清华大学《中国建筑节能年度发展研究报告 2024（农村住宅专题）》的数据，2022 年我国建筑面积总量约 696 亿 m^2，其中城镇住宅建筑面积为 318 亿 m^2，北方城镇供热面积为 167 亿 m^2，能耗总量为 2.17 亿 tce，占全国建筑总能耗的 19%。

根据《中国城乡建设统计年鉴 2022》的数据，2022 年全国集中供热面积 137.8 亿 m^2，其中城市集中供热面积约 111.25 亿 m^2，占比 80.7%，城市集中供热在我国集中供热中仍然占主体地位。除北方供暖地区外，南方地区也有一些城镇开始发展供热，2022 年，我国南方地区集中供热面积达 1.1 亿 m^2，主要集中在江苏、安徽、湖北、贵州等省份，占全国集中供热比例的 0.8%。

由图 1-1 可以看出，党的十八大以来，我国集中供热面积增长迅速，2012 年仅为 63.13 亿 m^2，2012—2022 年年均增长率达 8.0%，10 年总增长率达 118%。其中，2022 年城市集中供热面积增长较往年有所放缓，年增长率为 4.9%，为近 10

年来最低。2022 年北方 15 省（区、市）集中供热面积区域构成如图 1-2 所示。

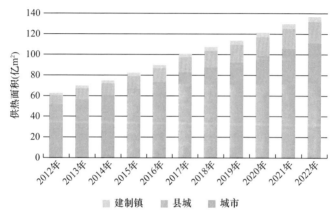

图 1-1 全国 2012—2022 年供热面积统计

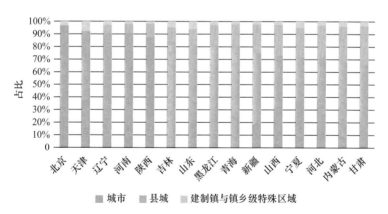

图 1-2 2022 年北方 15 省（区、市）集中供热面积区域构成

2022 年全国共有 337 个城市采用集中供热方式，其中山东省城市集中供热面积最大，为 19.2 亿 m²，占全国城市集中

供热面积的 17.2%，占北方 15 省（区、市）城市集中供热面积的 18%（图 1-3、图 1-4）。由于北方供热地区发展程度和城乡结构的不同，各省集中供热发展存在差异，北京、天津、辽宁、河南、陕西、吉林、山东、黑龙江和青海等省（区、

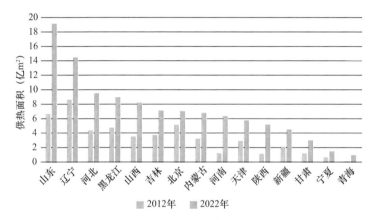

图 1-3　2012 年和 2022 年北方 15 省（区、市）城市集中供热面积

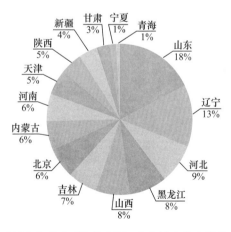

图 1-4　2022 年北方 15 省（区、市）城市集中供热面积占比

市）城市集中供热面积占到该省（区、市）供热面积的 80%
以上，其他省（区、市）县城集中供热面积占比较大，均超过
20%，特别是甘肃的县城供热面积占比超过 30%。

1.1.3 集中供热能力

2012—2022 年，全国集中供热能力年均增长率为 5.0%，
2022 年达到 86.4 万 MW，较 2021 年增加了 1.8%，该增长率
为近 3 年来最低水平。2012—2022 年热水和蒸汽供热能力年
均增长率分别为 5.1% 和 3.9%，2022 年热水和蒸汽供热能力
占比分别为 88% 和 12%；2012—2022 年城市、县城供热能力
年均增长率分别为 4.9% 和 5.1%，2022 年城市、县城供热能
力较上年分别增加 1.7% 和 2.2%，县城的供热能力增长速度快
于城市（图 1-5、图 1-6）。

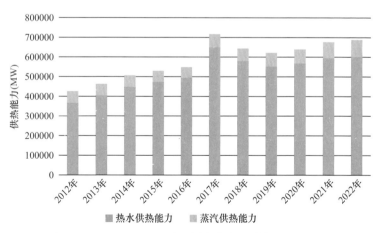

图 1-5　2012—2022 全国城市集中供热热源供热能力

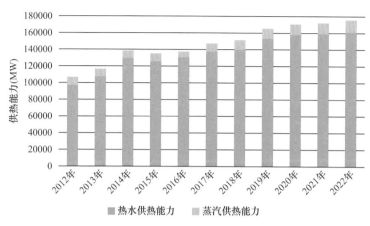

图 1-6　2012—2022 全国县城集中供热热源供热能力

1.1.4　集中供热管道长度

根据《中国城乡建设统计年鉴 2022》的数据，2012—2022 年，全国集中供热管道总长度年均增长率为 11.8%，2022 年达到 59.07 万 km，较上年增加 7.2%，且全部为热水管道。2012—2022 年城市和县城的管道长度年均增长率分别为 11.9% 和 11.1%，2022 年城市和县城管道长度分别为 49.34 万和 9.73 万 km，分别占全国管道总长度的 83.5% 和 16.5%（图 1-7）。

2022 年，我国供热一次管网长度约 16.0 万 km，二次管网长度约 43.1 万 km。其中，城市一次管网长度约 12.7 万 km，城市二次管网长度约 36.7 万 km，县城一次管网长度约 3.3 万 km，县城二次管网长度约 6.4 万 km。图 1-8 是 2022 年我

国不同省份城市供热管道长度，排名前五的省（区、市）分别
是山东、辽宁、北京、河北和吉林。

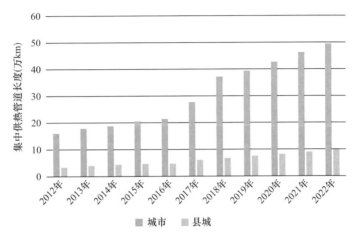

图 1-7　2012—2022 年全国供热管道长度

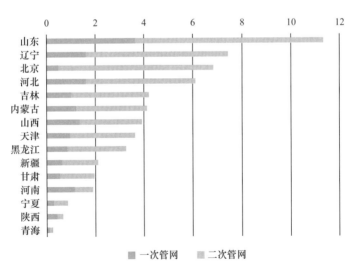

图 1-8　2022 年我国不同省份城市供热管道长度（单位：万 km）

1.1.5　集中供热建设投资

2012 年以来，全国集中供热固定资产投资总体呈下降趋势。2022 年，全国集中供热固定资产投资 517 亿元，比上年降低 41.3 亿元，城市投资和县城投资占比分别为 66% 和 34%，其中城市投资较上年降低 57.5 亿元，县城投资较上年增加 16.2 亿元（图 1-9）。2022 年参与集中供热建设的城市数量为 207 个，较 2021 年减少 14 个。

分地区看，2022 年北方地区城市集中供热固定资产投资约 326 亿元，较上年降低 62.8 亿元，下降 16%。投资排名前十的省（区、市）依次为山东、山西、河北、北京、内蒙古、黑龙江、辽宁、河南、陕西和新疆，其总投资占北方城市集中供热固定资产总投资的 91%，但在该 10 个省（区、市）中，

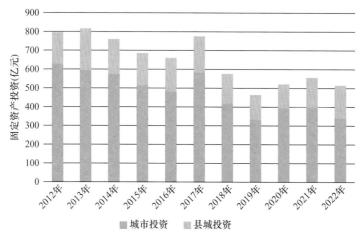

图 1-9　2012—2022 年我国集中供热固定资产投资

仅辽宁、山西和河北 3 省的集中供热固定资产投资较 2021 年
有所增加，增长率分别为 23%、20% 和 3%；新疆、山东、河
南、黑龙江、陕西、内蒙古和北京的集中供热固定资产投资
分别较 2021 年下降 61%、38%、36%、27%、26%、21% 和
7%。城市集中供热投资增加较多的地区依次为青海、天津和
新疆生产建设兵团（以下简称新疆兵团）。

南方地区集中供热近年来发展迅速。2022 年南方地区城
市集中供热固定资产投资金额约 13.8 亿元，较上年增加 5.3
亿元，增长 62%。南方地区共有西藏、湖南、湖北、贵州、
江苏、四川和安徽 7 省（区）投资城市集中供热，其中 5 省
（区）的集中供热固定资产投资较上年有所增加，其余 3 省较
上年降低（表 1-2）。

2022 年全国城市集中供热固定资产投资情况   表 1-2

序号	省（区、市）和新疆兵团	投资金额（亿元）	投资较上年增长率	参与建设城市数量（个）	投资城市数量较上年变化（个）
北方地区					
1	山东	61.3579	−38%	34	−1
2	山西	57.8548	20%	9	−2
3	河北	51.2682	3%	22	0
4	北京	27.2665	−7%	1	0
5	内蒙古	25.0037	−21%	14	0
6	黑龙江	18.1561	−27%	19	−5
7	辽宁	16.2604	23%	16	−1

序号	省（区、市）和新疆兵团	投资金额（亿元）	投资较上年增长率	参与建设城市数量（个）	投资城市数量较上年变化（个）
8	河南	15.7371	−36%	25	−2
9	陕西	12.4933	−26%	11	−1
10	新疆	10.1197	−61%	12	−2
11	吉林	9.1787	17%	10	1
12	天津	6.4774	143%	1	0
13	甘肃	5.193	−10%	8	−2
14	新疆兵团	3.9219	119%	6	2
15	青海	3.1145	156%	2	0
16	宁夏	2.6316	−52%	3	0
南方地区					
17	安徽	2.7972	−33%	2	−1
18	湖北	5.1087	151%	3	1
19	江苏	1.7662	91%	3	−2
20	四川	0.803	−3%	2	0
21	贵州	0.4444	104%	1	0
22	湖南	0.43	330%	1	0
23	西藏	2.4236	上年无投资	2	2

1.1.6　近三年行业发展情况

2017—2019 年，全国集中供热面积由 101.3 亿 m^2 增加到 114.1 亿 m^2，年均增长率为 6.1%；2020—2022 年，由 121.8 亿 m^2 增加到 132.1 亿 m^2，年均增长率为 4.1%（表 1-3）。与 2017—2019 年相比，2020—2022 年的集中供热面积年均增长率下降 2 个百分点，管网长度年均增长率下降 9.9 个百分点。

2017 年以来，全国集中供热固定资产投资城市数量和金额在个别年份有小幅增长，但总体呈下降趋势，投资城市数量在2022 年达到历史最低。

2017—2019 年与 2020—2022 年供热行业主要指标发展变化

表 1-3

指标	单位	年份						2017—2019 年		2020—2022 年	
		2017年	2018年	2019年	2020年	2021年	2022年	变化量	年均增长率	变化量	年均增长率
供热面积	亿m²	101.3	107.9	114.1	121.8	130.2	132.1	12.8	6.1%	10.3	4.1%
供热能力	万MW	86.4	79.5	78.7	80.9	84.9	86.4	−7.7	−4.6%	5.5	3.3%
管网长度	万km	33.7	43.8	46.8	50.7	55.1	59.1	13.1	17.8%	8.3	7.9%
投资城市数量	个	249	230	215	217	221	205	−34.0	−7.1%	−12.0	−2.8%
投资金额	亿元	778.3	578.6	466.8	523.6	558.3	517.0	−311.5	−22.6%	−6.6	−0.6%

1.2 城镇供热行业年度相关政策

1.2.1 三税减免

《关于延续实施供热企业有关税收政策的公告》

2023 年 9 月，财政部、税务总局发布《关于延续实施供热企业有关税收政策的公告》，提出：（1）对供热企业向居民个人供热（以下简称居民供热）取得的供暖费收入免征增值税。（2）对向居民供热收取供暖费的供热企业，为居民供热所使用的厂房及土地免征房产税、城镇土地使用税；对供热企业其他厂房及土地，应当按照规定征收房产税、城镇土地使用税。该政策执行至 2027 年供暖期结束。

1.2.2　碳达峰碳中和

《国家碳达峰试点建设方案》

2023 年 10 月，国家发展改革委印发《国家碳达峰试点建设方案》。该方案提出将在全国范围内选择 100 个具有典型代表性的城市和园区开展碳达峰试点建设，聚焦破解绿色低碳发展面临的瓶颈制约，探索不同资源禀赋和发展基础的城市和园区碳达峰路径，为全国提供可操作、可复制、可推广的经验做法。

《国家发展改革委等部门关于加快建立产品碳足迹管理体系的意见》

2023 年 11 月，国家发展改革委、工业和信息化部、市场监管总局、住房城乡建设部、交通运输部联合发布了《国家发展改革委等部门关于加快建立产品碳足迹管理体系的意见》。该意见明确提出，加快提升我国重点产品碳足迹管理水平的总体要求、重点任务、保障措施和组织实施要求等。到 2025 年，国家层面出台 50 个左右重点产品碳足迹核算规则和标准，到 2030 年，国家层面出台 200 个左右重点产品碳足迹核算规则和标准。

《国家发展改革委办公厅关于印发首批碳达峰试点名单的通知》

2023 年 11 月，国家发展改革委办公厅发布《国家发展改革委办公厅关于印发首批碳达峰试点名单的通知》，公布了首批 25 个碳达峰试点城市和 10 个碳达峰试点园区。

1.2.3 能源转型与高质量发展

《国家发展改革委 住房和城乡建设部关于加快补齐县级地区生活垃圾焚烧处理设施短板弱项的实施方案的通知》

2022 年 12 月，国家发展改革委、住房和城乡建设部发布《国家发展改革委 住房和城乡建设部关于加快补齐县级地区生活垃圾焚烧处理设施短板弱项的实施方案的通知》，明确提出，要拓展余热利用途径，根据垃圾焚烧设施的规模、周边用热条件合理确定生活垃圾焚烧余热利用方式，具备发电上网条件的优先发电上网，不具备发电上网条件的，加强与已布局的工业园区供热、市政供暖、农业用热等衔接联动，丰富余热利用途径，降低设施运营成本，有条件的地区优先利用生活垃圾和农林废弃物替代化石能源供热供暖。

《质量强国建设纲要》

2023 年 2 月，中共中央、国务院印发《质量强国建设纲要》（以下简称《纲要》）。《纲要》强调，开展重点行业和重点产品资源效率对标提升行动，加快低碳零碳负碳关键核心技术攻关，推动高耗能行业低碳转型。优化资源循环利用技术标准，实现资源绿色、高效再利用。建立健全碳达峰、碳中和标准计量体系，推动建立国际互认的碳计量标准、碳监测及效果评估机制。《纲要》同时指出，大力发展绿色建筑，深入推进可再生能源、资源建筑应用，实现工程建设全过程低碳环保、节能减排。

《空气质量持续改善行动计划》

2023年11月，国务院印发《空气质量持续改善行动计划》，明确到2025年非化石能源消费比重达20%左右，电能占终端能源消费比重达30%左右。持续增加天然气生产供应，新增天然气优先保障居民生活和清洁取暖需求。因地制宜成片推进北方地区清洁取暖，确保群众温暖过冬。加大民用、农用散煤替代力度，重点区域平原地区散煤基本清零，逐步推进山区散煤清洁能源替代。纳入中央财政支持北方地区清洁取暖范围的城市，保质保量完成改造任务，其中"煤改气"要落实气源、以供定改。全面提升建筑能效水平，加快既有农房节能改造。各地依法将整体完成清洁取暖改造的地区划定为高污染燃料禁燃区，防止散煤复烧。对暂未实施清洁取暖的地区，强化商品煤质量监管。

1.2.4　城镇供热运行保障工作

《电力需求侧管理办法（2023年版）》

2023年9月，国家发展改革委、工业和信息化部、财政部、住房城乡建设部、国务院国资委、国家能源局印发《电力需求侧管理办法（2023年版）》，自2023年10月1日起施行，有效期5年。该文件明确，为适应新型电力系统建设新要求，电力负荷管理要发挥双重作用，一方面保障电网安全稳定运行、维护供用电秩序平稳，另一方面促进可再生能源消纳、提升用能效率，其主要包括需求响应、有序用电等具体措施。有序用电方面，强调坚守民生用能底线，强化有序用电方案的合理性，规范有序用电全流程。

《国家发展改革委　国家能源局关于建立煤电容量电价机制的通知》

2023年11月，国家发展改革委和国家能源局联合发布《国家发展改革委　国家能源局关于建立煤电容量电价机制的通知》，决定自2024年1月1日起建立煤电容量电价机制，对煤电实行两部制电价政策。该通知明确提出，对合规在运的公用煤电机组实行煤电容量电价政策，容量电价按照回收煤电机组一定比例固定成本的方式确定。其中，用于计算容量电价的煤电机组固定成本实行全国统一标准，为每年每千瓦330元。2024—2025年，多数地方通过容量电价回收固定成本的比例为30%左右，部分煤电功能转型较快的地方适当高一些。2026年起，各地通过容量电价回收固定成本的比例提升至不低于50%。煤电容量电费纳入系统运行费用，每月由工商业用户按当月用电量比例分摊。

1.2.5　行业监督与管理

《工业节能监察办法》

2022 年 12 月，工业和信息化部公布《工业节能监察办法》，自 2023 年 2 月 1 日起施行。该文件明确提出，工业节能监察内容主要包括：执行单位产品能耗限额，用能产品、设备能源效率等强制性国家标准情况；执行落后的耗能过高的用能产品、设备和生产工艺淘汰制度情况；加强能源计量管理情况；建立能源消费统计和能源利用状况分析制度情况；建立节能目标责任制情况，加强节能管理，制定并实施节能计划和节能技术措施情况；开展节能宣传教育和岗位节能培训情况；工业节能监察意见落实情况；法律、法规、规章规定的其他需要开展工业节能监察的事项。

《建设工程质量检测管理办法》

2022 年 12 月，住房和城乡建设部公布《建设工程质量检测管理办法》，自 2023 年 3 月 1 日起施行。同时，2005 年 9 月 28 日原建设部公布的《建设工程质量检测管理办法》废止。新公布的《建设工程质量检测管理办法》，从调整建设工程质量检测范围、强化资质动态管理、规范建设工程质量检测活动、完善建设工程质量检测责任体系、提高数字化应用水平、加强政府监督管理、加大违法违规行为处罚力度等多个方面进一步强化建设工程质量检测管理，维护建设工程质量检测市场秩序，规范建设工程质量检测行为，促进建设工程质量检测行业健康发展，保障建设工程质量。

《特种设备使用单位落实使用安全主体责任监督管理规定》

2023 年 4 月，国家市场监督管理总局公布《特种设备使用单位落实使用安全主体责任监督管理规定》，自 2023 年 5 月 5 日起施行。该规定明确要求，特种设备使用单位应当建立健全特种设备使用安全管理制度，依法配备特种设备安全总监、特种设备安全员等特种设备安全管理人员；建立企业主要负责人全面负责，特种设备安全总监、特种设备安全员分级负责的特种设备安全责任体系，全面落实特种设备使用安全主体责任。

《住房城乡建设部关于推进工程建设项目审批标准化规范化便利化的通知》

2023 年 7 月，住房和城乡建设部发布《住房城乡建设部关于推进工程建设项目审批标准化规范化便利化的通知》，明确加快推进房屋建筑和城市基础设施等工程建设项目审批标准化、规范化、便利化，进一步提升审批服务效能，加快项目落地。该通知提出，要进一步优化完善工程建设项目审批事项清单，并与投资审批事项清单做好衔接，将工程建设项目全流程涉及的行政许可、行政确认、行政备案、第三方机构审查、市政公用报装接入等事项全部纳入清单，确保事项清单外无审批。

《住房城乡建设部关于进一步加强建设工程企业资质审批管理工作的通知》

2023 年 9 月，住房和城乡建设部发布《住房城乡建设部

关于进一步加强建设工程企业资质审批管理工作的通知》，自
2023 年 9 月 15 日起施行。该通知提出，要提高资质审批效
率，住房和城乡建设部负责审批的企业资质，2 个月内完成专
家评审、公示审查结果。自 2024 年 1 月 1 日起，申请资质企
业的业绩应当录入全国建筑市场平台。全国建筑市场平台项目
信息数据不得擅自变更、删除，数据变化记录永久保存。

1.2.6　供热设备能效提升与设施更新改造

《国家发展改革委等部门关于统筹节能降碳和回收利用　加
快重点领域产品设备更新改造的指导意见》

2023 年 2 月，国家发展改革委等部门发布《国家发展改
革委等部门关于统筹节能降碳和回收利用　加快重点领域产品
设备更新改造的指导意见》。该意见明确提出，到 2025 年，通
过统筹推进重点领域产品设备更新改造和回收利用，进一步提
升高效节能产品设备市场占有率。到 2030 年，重点领域产品
设备能效水平进一步提高，推动重点行业和领域整体能效水平
和碳排放强度达到国际先进水平。

《工业重点领域能效标杆水平和基准水平（2023 年版）》

2023 年 6 月，国家发展改革委等部门发布《工业重点领
域能效标杆水平和基准水平（2023 年版）》，在原有 25 个重点
领域能效标杆水平和基准水平的基础上，增加聚氯乙烯、工业
硅等 11 个领域。重点领域能效标杆水平、基准水平视行业发
展和标准制修订情况进行动态调整。强化能效标杆引领作用和

基准约束作用，鼓励和引导行业、企业立足长远发展，高标准实施节能降碳改造升级。

《住房城乡建设部办公厅 国家发展改革委办公厅关于扎实推进城市燃气管道等老化更新改造工作的通知》

2023 年 8 月，住房和城乡建设部办公厅和国家发展改革委办公厅联合发布《住房城乡建设部办公厅 国家发展改革委办公厅关于扎实推进城市燃气管道等老化更新改造工作的通知》，部署 2023 和 2024 年相关工作安排，要求确保优先对安全隐患突出的"问题管网"等实施改造。该通知提出，做好更新改造工作与汛期防洪排涝等工作的衔接，推动燃气、供水、供热、排水管道等分片区统筹改造、同步施工，避免改造工程碎片化、重复开挖、多次扰民。

《锅炉绿色低碳高质量发展行动方案》

2023 年 12 月，国家发展改革委等部门联合印发《锅炉绿色低碳高质量发展行动方案》。该方案明确提出，到 2025 年，工业锅炉、电站锅炉平均运行热效率较 2021 年分别提高 5 个百分点和 0.5 个百分点；到 2030 年，工业锅炉产品热效率较 2021 年提高 3 个百分点，平均运行热效率进一步提高。在集中供热管网覆盖范围内，禁止新建、扩建分散燃煤供热锅炉，限制新建分散化石燃料锅炉。新建容量在 10 蒸吨 /h 及以下工业锅炉优先选用蓄热式电加热锅炉、冷凝式燃气锅炉。

1.2.7　能源数字化转型

《中共中央　国务院关于构建数据基础制度更好发挥数据要素作用的意见》

2022 年 12 月，中共中央、国务院发布《中共中央　国务院关于构建数据基础制度更好发挥数据要素作用的意见》。该意见强调，围绕促进数据要素合规高效、安全有序流通和交易需要，培育一批数据商和第三方专业服务机构。通过数据商，为数据交易双方提供数据产品开发、发布、承销和数据资产的合规化、标准化、增值化服务，促进提高数据交易效率。在智能制造、节能降碳、绿色建造、新能源、智慧城市等重点领域，大力培育贴近业务需求的行业性、产业化数据商，鼓励多种所有制数据商共同发展、平等竞争。

《国家能源局关于加快推进能源数字化智能化发展的若干意见》

2023 年 3 月，国家能源局发布《国家能源局关于加快推进能源数字化智能化发展的若干意见》。针对电力、煤炭、油气等行业数字化智能化转型发展需求，通过数字化智能化技术融合应用，急用先行、先易后难，分行业、分环节、分阶段补齐转型发展短板，为能源高质量发展提供有效支撑。该意见提出，加快火电、水电等传统电源数字化设计建造和智能化升级，推进智能分散控制系统发展和应用，助力燃煤机组节能降碳改造、灵活性改造、供热改造"三改联动"，促进抽水蓄能和新型储能充分发挥灵活调节作用。

1.2.8 标准体系建设

《国家发展改革委 市场监管总局关于进一步加强节能标准更新升级和应用实施的通知》

2023 年 3 月，国家发展改革委、市场监管总局联合发布的《国家发展改革委 市场监管总局关于进一步加强节能标准更新升级和应用实施的通知》。该通知指出，加快制定修订一批重点领域节能标准。在工业领域，加快修订石化、化工、钢铁、有色金属、建材、机械等行业强制性能耗限额标准，提升电机、风机、泵、压缩机、电焊机、工业锅炉等重点用能产品设备强制性能效标准，努力实现标准指标国际先进。在能源领域，加快煤炭清洁高效利用、新能源和可再生能源利用、石油天然气储运、管道运输、输配电关键设备等相关节能技术标准研制。在城乡建设领域，制定修订建筑节能、绿色建筑、绿色建造、农村居住建筑节能等标准，完善建筑与市政基础设施节能相关产品标准。

《碳达峰碳中和标准体系建设指南》

2023 年 4 月，国家标准委、国家发展改革委、工业和信息化部、自然资源部、生态环境部、住房和城乡建设部、交通运输部、中国人民银行、中国气象局、国家能源局、国家林草局联合印发《碳达峰碳中和标准体系建设指南》。该指南明确，到 2025 年制修订不少于 1000 项国家标准和行业标准（包括外文版本），与国际标准一致性程度显著提高，主要行业碳核算核查实现标准全覆盖，重点行业和产品能耗能效标准指标稳步提升。实质性参与绿色低碳相关国际标准不少于 30 项，绿色低碳国际标准化水平明显提升。

《乡村振兴标准化行动方案》

2023 年 7 月，农业农村部、国家标准化管理委员会、住房和城乡建设部印发《乡村振兴标准化行动方案》。该方案指出，要强化乡村房屋建设和基础设施建设标准，健全农村电网、燃气和清洁能源及民用炉具标准体系。

1.3 城镇供热行业新技术发展

1.3.1 热泵技术

热泵技术是利用压缩系统，以电力或燃气为驱动力，不断地把热量从低位热能向高位热能转移的技术。热泵属于节能、高效的供热方式，已被广泛应用于供热系统之中。按照热泵输入的低位热能的不同，可将其划分为吸收式大温差机组、空气源热泵、再生水（污水）源热泵、地源（不含水源）热泵及废热回收热泵。

其中，吸收式大温差机组采用热泵原理，通过溴化锂-水溶液的循环实现热能的传递，完成一次管网供水的多阶降温，实现大幅降低一次管网回水温度、提高现有管网输热能力的目的，在供热系统中得到了较大范围的应用。例如太古长输供热项目，已有 426 座热力站投入大温差机组，不同容量的机组在运行状况良好的情况下，一次管网、二次管网回水温度端差可保持在 15℃左右，温度效率基本能够达到 125% 以上[1]。

空气源热泵将空气中的热能提取出来并直接利用，安装简便，适用范围广，具有系统简单、节能环保、经济性好等优点，是供暖电气化替代的重要选择。但在寒冷地区或冬季气温较低时使用，其制热效率会受到一定影响。空气源热泵是目前实际应用较多的热泵技术，主要应用于城市热源覆盖不到的城市近郊、城乡接合部、广大农村等区域。

再生水（污水）源热泵主要利用生活及工业污水中的余热，这部分污水一般经净化处理后达到国家标准即直接排放，排放污水水温即使在冬季也一般大于 10℃，造成低品位热能的浪费。再生水（污水）源热泵的应用可以提供稳定的再生热源，有效解决城区热源问题。近年来，其在不少城市也得到了应用。例如青岛市城市污水处理系统迅速发展，已新建、改扩建李河村、海泊河等 10 余座污水处理厂，新增污水处理能力近 7×10^5 t/d。以海泊河污水处理厂为例，应用热泵系统后，供暖期水源侧供水温度为 13℃，经热泵机组制备后的空调热

---

[1] 王林文，刘文凯，齐卫雪，等. 长输供热系统大温差机组实际效能评价 [J]. 区域供热，2022（5）：28-34.

水温度为 46℃，换热站换热后产生 45℃热水送至用户末端[1]。

地源（不含水源）热泵主要利用浅层地热能源，即储存在地下 200m 以内岩土层、地下水和地表水中温度低于 25℃的热能。在实际应用中，要采取热平衡措施，以免影响系统运行效率。北京某住宅小区设有 412 个钻孔埋管换热器（钻孔深 120m），自 2014 年冬季开始为小区内的 6 栋高层住宅和 6 栋联排别墅供暖制冷，供热面积 101521m²。截至 2020 年秋季，系统运营状况良好，没有启用其他暖通设备，但也暴露出地温下降（下降 1.78℃）等问题[2]。

废热回收热泵主要包括锅炉烟气余热回收热泵和工业高温热泵。烟气余热回收热泵主要用于锅炉排放烟气中余热的回收，可有效提高锅炉效率，并显著增加烟气消白效果。承德市某热力公司对 4 台层燃型燃煤热水锅炉实施烟气余热回收，系统运行后，热泵机组 COP 能够达到 1.8，节能减排效果明显[3]。工业高温热泵可将工业过程中的余热提升至更高温度，以用于同一过程或其他过程的热需求，可有效降低一次能源消

① 阎亮，刘蕾. 青岛市海泊河污水处理厂污水源热泵系统的应用［J］. 能源与节能，2022（3）：192-194，197.
② 郭红仙，王天麟，程晓辉，等. 地源热泵系统长期稳定性及运行策略案例研究［J/OL］. 清华大学学报（自然科学版）：2024，5：1-9.
③ 康佳月. 吸收式热泵在烟气余热回收实践的应用案例分析［J］. 区域供热，2023（2）：33-42，52.

耗。淄博市某热力公司在某氧化铝企业厂区内建设了多个以乏汽余热为主要热源的热力站，配置了多台溴化锂吸收式热泵机组，用于该企业和周边生活区的供暖。经检测，通过热泵机组可使脱盐水在进入除氧器前提温 30℃，提高了低位热能的综合利用率 [①]。

1.3.2 中深层地热

中深层地热资源分为中深层水热型地热资源和干热岩型地热资源，埋深 200m 到 3000m 的中深层水热型地热资源以 40℃到 90℃低温热能为主，主要用于建筑供暖、农业种植养殖、洗浴等；埋深超过 3km 的水热型地热资源以 90℃以上中高温为主，可用于工业供热、建筑供暖和制冷，还可以梯级利用；干热岩型地热资源主要在埋深超过 3km，以 150℃以上高温为主，与中高温水热型地热资源用途一致。

中深层地热通过地埋管开发应用，地热钻井、防腐蚀结垢、深部热储、深井换热和余热回收等为其主要技术。"取热不取水"和"间歇运行"是目前中深层水热型地热供暖最常用的策略，可最大限度保障地热资源的可持续开发。

冀南某大学校区供热工程 3 号能源站以中深层地源热泵系统为主要热源，燃气锅炉系统为辅助或备用热源，采用一对中

---

① 王腾. 回收氧化铝工业余热在热电厂脱盐水工艺中的应用［J］. 区域供热，2023（1）：47-52.

深层地热 U 形闭式地热井，钻井时埋入分布式光纤对地层温度进行检测。在实际应用中，地热井进出水平均温差 8.7℃，系统 *COP* 在 3.5 左右。同一供暖期随时间推移井下温度出现衰减，进出水温差呈现下降趋势，经过近 8 个月非供暖期的自然恢复，可恢复至较为理想的状态[①]。

1.3.3　核能供热技术

核能供热是指以核裂变产生的能量为热源的供热方式，核能是一种高密度能源，其能量转换效率远高于传统化石能源。

目前主要有低温核供热和核热电联产两种方式。低温核供热已形成泳池式供热堆、壳式供热堆和微压供热堆等主流技术，2017 年，中核集团正式发布其自主研发可用来实现区域供热的"燕龙"泳池式低温供热堆。大型核电厂远距离供热可实现核能梯级利用，具有较好的应用前景与推广价值。2021 年，山东核电有限公司、清华大学等单位共同完成了海阳核电厂水热同产同送示范工程；2023 年，该项目三期工程正式投运，海阳核电厂同时给海阳市和乳山市供热，实现了跨地级市核能供热。

---

① 　牛国庆，许超，鲍玲玲，等. 中深层地热 + 多能互补供热系统在冀南某大学的应用研究［J］. 河北工程大学学报（自然科学版），2023（4）：82-88.

1.3.4　生物质供热技术

生物质能以动植物和微生物为载体来储存能量，目前应用形式主要包括生物质直燃发电技术，生物质成型固体燃料，生物质发酵加工形成沼气，生物质发酵加工形成甲醇、乙醇和柴油等液体燃料。

我国对生物质能源的利用主要以生物质锅炉和热电联产进行集中供热为主，部分城乡地区利用中小型生物质沼气或燃料锅炉开展分布式供热，农村分散户采用生物质炉具进行供热等。

经过 10 多年发展，目前我国生物质清洁取暖和供热产业链初步形成，具有了一定市场规模，涌现出一批"专精特新"企业，探索出生物质成型燃料及秸秆捆烧供暖供热、小型生物质气化及热电联产、合同能源运营管理、碳交易等技术模式与应用案例，生物质清洁供热面积超 3.3 亿 m^{2}[1]。2019 年 10 月，河北省饶阳县选取 15 户典型用户开展"煤改生物质"清洁供暖试点，包括普通农户 12 户（每户供暖面积 80～120m^2）、经营性餐馆 1 处（供暖面积 130m^2）、村办企业厂房 1 处（200m^2）和温室大棚 1 座（供暖面积 500m^2），其中农户、餐馆和村办企业厂房用户均配置了额定功率为 15kW 的供暖设备，温室大棚用户配置了额定功率为 46kW 的供暖设备。在实

---

① 别凡，姚美娇. 农村生物质清洁取暖亟待提档升级 [N]. 中国能源报，2023-05-15（18）.

际应用中，智能型生物质颗粒燃料供暖炉的热效率可达 80%
以上（相较于普通煤炉 40%～50% 的热效率，提升 1 倍左右，
能够在使用低热值秸秆燃料的情况下输出与煤相当的热量），
每户年消耗农业废弃物加工的生物质颗粒燃料 2～3t，实现了
农林废弃物的高效利用和农户的减支增收 [1]。

1.3.5　太阳能供热

太阳能是一种绿色清洁的可再生能源，总量巨大且分布广
泛，利用太阳能辐射转化为热能进行供热，可减少对传统能源
的依赖。

但太阳能存在能流密度较低，容易受环境因素影响，太阳
能集热器对太阳辐射强度变化较为敏感，且利用过程中存在能
量供需在时间与空间上的不匹配问题。为克服太阳能资源利用
过程存在的缺陷，目前常使用储能技术对其进行"移峰填谷"。

西藏某县城一期供热工程采用了 1680 块大单元平板型集
热器，总集热面积 2.4 万 m^2，蓄热水池容积 1.5 万 m^3，可满
足该县城 15.6 万 m^2 建筑的供暖需求，已完成 8.26 万 m^2 末
端管网铺设。项目从 2018 年 12 月至 2019 年 5 月供热，运
行稳定，普通房屋室内温度 11～14℃。经过连续监测，系

---

[1]　魏永. 基于智能型生物质颗粒燃料取暖炉的北方清洁取暖项目
[M] // 清华大学建筑节能研究中心. 中国建筑节能年度发展研究报
告 2020（农村住宅专题）. 北京：中国建筑工业出版社，2020.

统平均日集热效率稳定在 50% 左右，平板集热器的效率在 45%～55% 之间，运行效果良好[①]。

1.3.6   储能技术

储能技术能够在能源（尤其是可再生能源）富余的情况下，将其转化为热能进行储存，当能源出现短缺时合理释放，从而确保能源需求得到保障。根据储存热能时间的长短，储能技术可分为短期储能技术与跨季节储能技术。

根据储存能量的形式，目前储能技术可分为电化学储能技术、热能储能技术、电能储能技术、化学能储能技术、机械能储能技术等。根据热能存储形式的不同，可分为显热储热技术、潜热储热技术以及热化学储热技术。

目前，供热领域应用较多的是水蓄热和熔盐蓄热。2006年，北京左家庄供热厂 8000m³ 蓄热水罐投入使用，用于热负荷"削峰填谷"，该工程是蓄热水罐在我国城市集中供热管网的首次应用。熔盐蓄热集中供热系统一般利用低谷电加热熔盐储热，高峰时通过盐－水换热器将循环水加热至供热温度进行供热，提高了热网稳定性和电能使用率。火电厂配置热水或熔盐蓄热器一般在白天用电高峰、热耗低谷时储热，在夜间风电出力高峰、电负荷低谷期配合热电机组共同放热，使机组热电

---

① 王兵兵，胡映宁，杨金良. 西藏地区基于太阳能短期蓄热技术的清洁采暖研究分析［J］. 建设科技，2020（10）：125-128.

出力减少，满足富裕风电的上网需求。近年来，随着热电解耦需求的增加，火电机组灵活性改造结合大容量蓄热装置成为增加火电厂调峰深度的可行性方案。

第 2 章

城镇供热行业基础数据统计

中国城镇供热协会（简称协会）供热企业 2021—2022 供暖期统计工作于 2022 年 5 月启动，得到了协会会员单位的积极支持和参与。本章主要对该供暖期的统计结果进行汇总整理。

2.1 企业基础信息

2.1.1 企业数量与供热面积

2022 年度参加协会统计工作的供热企业（以下简称统计企业）数量继续增加，随之带来统计供热面积也持续增加，供热企业数量由 2017 年的 35 家增加到 2022 年的 127 家，供热面积由 2017 年的 14.4 亿 m^2 增加到 2022 年的 41.7 亿 m^2，占 2022 年参加统计的供热企业所在城市总供热面积的 57%，占

2022 年全国城市集中供热面积的 37.5%[①]，其中居住建筑和公共建筑供热面积统计值分别为 31.4 亿 m^2 和 10.3 亿 m^2。

统计企业供热面积 5000 万 m^2 以上的有 23 家，合计供热面积约 23.5 亿 m^2，占总统计企业供热面积的 56.4%；其中区域最大企业供热面积为 2.73 亿 m^2（仅为该企业在主城区的供热范围）；供热面积在 1000 万 m^2 以下的供热企业数量最多，约占统计企业总数的 33.1%（表 2-1、图 2-1、图 2-2）。

2022 年统计企业供热面积分布　　表 2-1

序号	企业规模	企业数量（家）	供热规模	
			合计（亿 m^2）	占比（%）
1	1 亿 m^2 以上	7	12.5	30.0
2	5000 万～1 亿 m^2	16	11.0	26.4
3	3000 万～5000 万 m^2	21	7.8	18.7
4	1000 万～3000 万 m^2	41	8.0	19.2
5	1000 万 m^2 以下	42	2.4	5.7

2.1.2　企业所有制

从企业所有制来看，目前统计供热企业的类型以国有或国有控股为主，共有 81 家，供热面积 35.1 亿 m^2，供热面积占比 84.2%；其次是民营企业（42 家），供热面积占比 11.0%；

---

① 　企业所在城市和全国集中供热面积数据来自《中国城市建设统计年鉴 2022》。

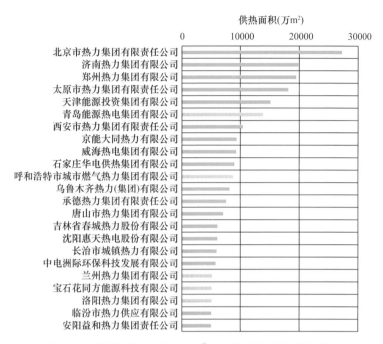

图 2-1　供热面积 5000 万 m² 以上的企业排名（23 家）

注：北京市热力集团有限责任公司统计数据为北京主城区所覆盖的供热面积。

其他类型企业 4 家，供热面积占比 4.8%（图 2-3）。

2.1.3　企业分布

2022 年统计供热企业涵盖北方 15 省（区、市）（北京、天津、河北、山西、内蒙古、辽宁、吉林、黑龙江、山东、河南、陕西、甘肃、宁夏、青海、新疆），同时有南方 2 省（安徽、贵州）供热企业参与统计。其中，山西、河北、北京、河南统计供热面积已超过当地总供热面积的 50%（图 2-4）。

对统计企业按照所在区域进行划分，京津冀地区企业供热

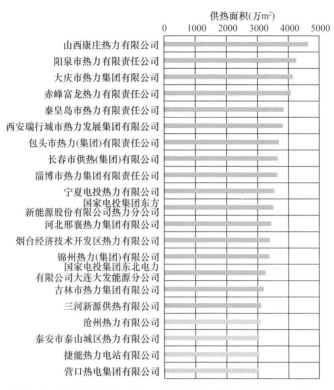

图 2-2　供热面积 3000 万～5000 万 m² 的企业排名（21 家）

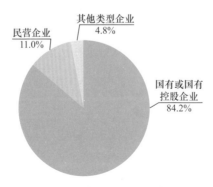

图 2-3　不同所有制企业的供热面积占比

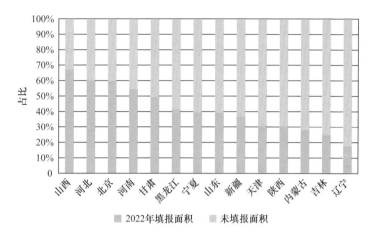

图 2-4 统计企业供热面积在当地城市集中供热面积中的占比

面积最大，为 11.5 亿 m²；其次是东北地区，合计 7.7 亿 m²；华中地区企业供热面积最小，为 3.5 亿 m²。从企业数量上来看，京津冀地区企业数量最多，为 36 家；其次是东北地区，为 27 家；华中地区最少，共计 10 家（图 2-5、图 2-6）。

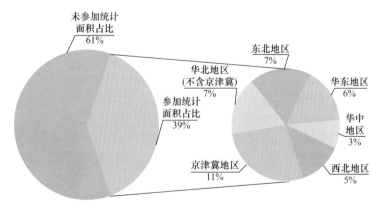

图 2-5 统计企业所在区域及供热面积占比

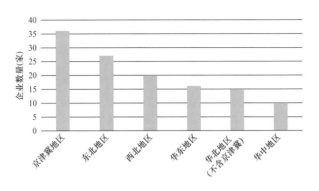

图 2-6　各区域统计企业数量

2.1.4　企业供热与管理方式

从企业供热方式来看，以拥有热电联产多热源联网（以下简称热电联产）供热方式的供热企业数量最多，127 家中有 104 家供热面积达 39.4 亿 m^2，占统计总面积的 94.5%；其中 34 家企业同时拥有热电联产与区域锅炉房两种供热方式，供热面积为 20.0 亿 m^2，占比为 48.0%；70 家企业只拥有热电联产供热方式，供热面积 19.4 亿 m^2，占比为 46.5%。23 家企业只采用区域锅炉房供热，供热面积占比为 5.5%。

从企业供热管理方式上看，直管到户供热面积 30.6 亿 m^2，占 41.7 亿 m^2 在网供热面积的 73.4%。

人均供热面积与供热企业运营方式、管理水平直接相关。供热企业直管到户比例越高，需要的管理、维修、服务人员越多，一般来说人均供热面积指标会降低。2022 年统计供热企业平均直管到户供热面积占比为 78%（上年统计结果为 72.1%)。吉林、内蒙古、新疆、辽宁、山东、河南、宁夏和天津直管到户供热面积占比均超过 80%，吉林省占比最大，为 98%，占比较小的省份为山西和陕西，分别为 60% 和 30%（图 2-7)。

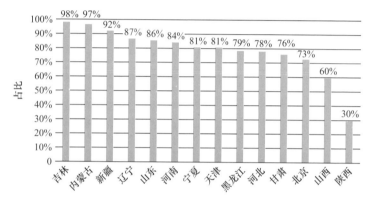

图 2-7　2022 年各省直管到户比例

2.1.5　企业人员类型

2022 年所有参与统计的供热企业正式职工总人数为 6 万人，从人员类型上看，供热企业正式职工以运行人员为主，管理人员、运行人员和客服人员占比分别为 24%、61% 和 7%，运行人员约为管理人员 2.5 倍。从学历上看，本科及以上学历人数占比为 36%，该指标寒冷地区企业平均值和最大值分别为 37% 和 73%，严寒地区统计企业平均值和最大值分别为 31% 和 89%，即寒冷地区统计企业职工中本科及以上学历人数占比平均值比严寒地区高出 6 个百分点（图 2-8)。统计企

业职工中转业军人人数占比为 8%，共有 81 家企业有职工为
转业军人。

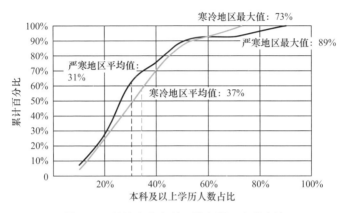

图 2-8 统计企业本科及以上学历人数占比

供热具有季节性特点，因此使用临时工、季节工是供热
企业普遍存在的用人现象。本次参加统计的 127 家企业中共
有 103 家聘用临时工、季节工，聘用总人数为 2.5 万人。11 家
统计企业临时工、季节工人数多于正式职工，其中占比最高的
企业，其人数为正式职工的 5 倍，该企业正式职工只有管理人
员，无运行人员和客服人员。92 家统计企业正式职工人数多
于临时工、季节工，两者之比最大为 17.7，最小为 1.1。

供热企业聘用农民工的情况呈极端分布，共有 35 家雇用
农民工，农民工人数占临时工、季节工人数的比例平均约为
11%，农民工人数占临时工、季节工人数的比例不足 20% 和
超过 80% 的企业数量占比分别为 23% 和 37%，有 10 家企业

临时工、季节工全为农民工（图 2-9）。

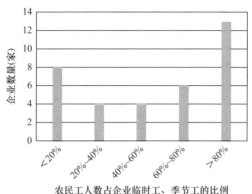

图 2-9　农民工人数占企业临时工、季节工的比例分布

2.2　企业供热系统基础数据

2.2.1　供热热源

根据 127 家供热企业所涉及供热面积热源结构的统计结果，北方供热热源为热电联产的占比提升明显，由 2013 年的 42% 上升至 2022 年的 62%。其中，2022 年燃煤热电联产占比 55.4%，燃气热电联产占比 6.6%；燃煤锅炉占比持续下降，由 2013 年的 48% 下降至 2021 年的 15.5%、2022 年的 14.6%；燃气锅炉占比继续增加，由 2013 年的 8% 增加至 2021 年的 19.3%、2022 年的 21.1%。2022 年热源结构中工业余热占比 1.1%，热泵及生物质占比 1.1%。本次统计共有 5 家企业填报蓄热相关指标，总蓄热体积为 8898m³，总蓄热能力

334MW，蓄热装置 19 个，蓄热介质为水和固体两类（表 2-2、图 2-10）。

2020—2022 年的热源结构与 2013 年对比　表 2-2

热源类型	2013 年	2020 年	2021 年	2022 年
燃煤热电联产占比（%）	42	55.6	58.3	55.4
燃气热电联产占比（%）		5.9	4.5	6.6
燃气锅炉占比（%）	8	18.4	19.3	21.1
燃煤锅炉占比（%）	48	17.9	15.5	14.6
工业余热占比（%）	2	1.0	1.0	1.1
热泵及生物质占比（%）		1.1	0.9	1.1
其他（电锅炉、燃油锅炉等）占比（%）		0.1	0.5	0.1

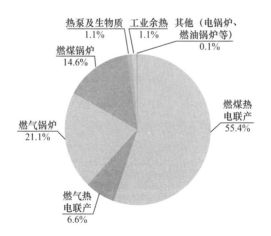

图 2-10　2022 年统计企业供热热源构成

在统计过程中，凡为供热企业供热的热源，无论是该企业

自有热源还是外部热源，均在统计范围内，2022 年统计企业
供热热源装机容量见表 2-3。

2022 年统计企业供热热源装机容量　　　表 2-3

省（区、市）或地区	燃煤热电联产（MW）	燃气热电联产（MW）	燃煤锅炉（MW）	燃气锅炉（MW）	工业余热（MW）	生物质（MW）	热泵（MW）	其他（MW）	合计（MW）
北京	2984	6572	—	16949	—	—	183	92	26780
天津	5594	3150	1150	2585	420	—	42	20	12961
河北	17605	2204	3050	1583	570	120	143	46	25321
山西	21423	1090	905	1859	—	—	—	—	25277
内蒙古	3516	—	1900	1711	561	—	—	—	7688
辽宁	8050	—	3420	90	167	—	—	—	11727
吉林	7378	—	2598	56	—	—	—	12	10044
黑龙江	9533	700	9556	2221	20	—	332	14	22376
山东	21130	1200	10310	4822	151	239	220	714	38786
河南	16251	—	—	3297	100	—	4	—	19652
陕西	8225	146	497	4480	—	255	6	2	13611
甘肃	7982	1305	2372	1275	—	—	—	2	12936
青海	—	—	—	43	—	—	—	—	43
宁夏	2196	—	127	78	—	—	220	—	2621
新疆	2690	—	—	10460	760	—	150	158	14218
南方地区	1716	—	—	301	62	—	31	—	2110
合计	136273	16367	35885	51810	2811	614	1331	1060	246151

注：其他包括电锅炉、燃油锅炉、太阳能等热源形式。

从表 2-4、图 2-11 可以看出各地热源供应能力是否充足，一般来说单位面积供热能力数值越高说明热源能力越充裕。

2022 年各省（区、市）统计供热热源单位面积供热能力

表 2-4

序号	省（区、市）	热源供热能力（MW）	供热面积（亿 m²）	单位面积供热能力（MW/万 m²）
1	北京	26781	4.05	0.66
2	天津	12961	1.72	0.75
3	河北	25322	5.78	0.44
4	山西	25277	5.20	0.49
5	内蒙古	7688	1.79	0.43
6	辽宁	11727	2.41	0.49
7	吉林	10044	1.75	0.57
8	黑龙江	22378	3.51	0.64
9	山东	38787	6.71	0.58
10	河南	19652	3.45	0.57
11	陕西	13612	1.47	0.92
12	甘肃	12935	1.39	0.93
14	宁夏	2621	0.59	0.44
15	新疆	14219	1.59	0.89
合计	—	244004	41.41	0.59

注：此表为中国城镇供热协会统计的供热企业为其供热面积提供热源的单位面积供热能力，不代表该地区数据，图 2-11 同。

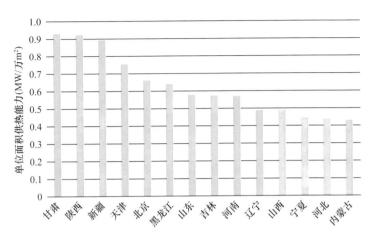

图 2-11 2022 年统计各省（区、市）单位面积供热能力

2.2.2 供热管网

参加协会 2022 年统计工作的供热企业管网总长度为 12.0 万 km，占 2022 年全国城市集中供热管网总长度的 24.3%。其中，一次管网 3.1 万 km，二次管网 8.9 万 km。一次管网按敷设方式统计，直埋敷设占比 93.9%，管沟敷设占比 2.5%，架空敷设占比 3.0%，综合管廊占比 0.6%；一次管网按使用年限统计，15 年以内的占比 79.6%，15～30 年的占比 19.4%，超过 30 年的占比 1.0%。二次管网按使用年限统计，15 年以内的占比 67.7%，超过 15 年的占比 32.3%。图 2-12 和图 2-13 分别是 2022 年各省（区、市）参加统计的供热企业一次管网情况和二次管网情况。

由图 2-12 可知，一次管网中，老旧管网长度占比为 20.4%（上年统计值为 21%），其中吉林和天津的老旧管网长

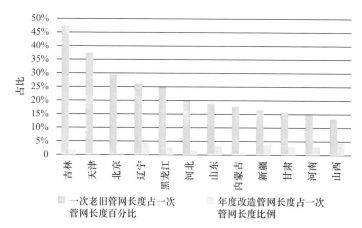

图 2-12 2022 年各省（区、市）参加统计的供热企业一次管网情况

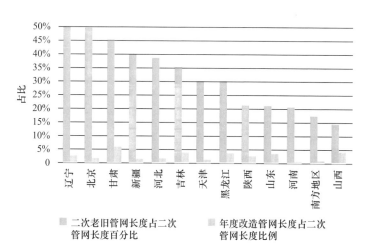

图 2-13 各省（区、市）及地区参加统计的供热企业二次管网情况

度占比超过 35%，北京、辽宁、黑龙江和内蒙古一次管网中老旧管网长度占比在 20%～35% 之间，河北、山东、新疆和甘肃一次管网中老旧管网长度占比在 15%～20% 之间，其余

地区一次管网中老旧管网长度占比低于 15%。

2022 年，辽宁、山东、新疆、山西改造管网长度占一次老旧管网长度百分比超过 3%，其他省（区、市）该比例均低于 3%。

由图 2-13 可知，二次管网中，老旧管网长度占比为 31.9%（上年统计值为 31%），其中辽宁、北京、甘肃、新疆、河北二次管网中老旧管网长度占比超过 35%，吉林、天津、黑龙江、陕西、山东和河南二次管网中老旧管网长度占比在 20%~35% 之间，南方地区二次管网中老旧管网长度占比在 15%~20% 之间；山西二次管网中老旧管网长度占比低于 15%。

2022 年，甘肃、山西、吉林、黑龙江和山东年度管网改造长度占二次老旧管网长度百分比超过了 3%，其他省（区、市）及地区该比例均低于 3%。

2.2.3 热力站

热力站方面，统计企业热力站总数为 49662 个，其中无人值守热力站占比 80.4%。宁夏、天津、山东、辽宁、吉林、河南、内蒙古、新疆和山西无人值守热力站比例均在 80% 以上；两家南方地区的供热企业填报热力站总数为 253 个，其中无人值守热力站 183 个，占比 72%（表 2-5）。从热力站规模上看，热力站供热面积最大值约为 44 万 m^2，平均供热面积为 8.4 万 m^2/ 个，宁夏、山西、黑龙江参加统计的供热企业热力站平均供热面积均超过 10 万 m^2（图 2-14）。

各地参加统计的供热企业热力站数量统计　表 2-5

省（区、市）或地区	热力站数量（个）	无人值守热力站数量（个）	无人值守热力站占比
宁夏	577	577	100%
天津	2786	2664	96%
山东	8303	7751	93%
辽宁	2818	2542	90%
吉林	2258	2030	90%
河南	5399	4769	88%
内蒙古	1831	1535	84%
新疆	1708	1409	82%
山西	4432	3631	82%
甘肃	1547	1190	77%
河北	7954	5855	74%
南方地区	253	183	72%
黑龙江	2897	2067	71%
陕西	1173	786	67%
北京	5722	2917	51%
青海	4	1	25%

2.2.4　热用户

2022 年协会统计的总供热面积 41.7 亿 m^2 中，居住建筑和公共建筑供热面积分别为 31.4 亿 m^2 和 10.3 亿 m^2，居住建筑和公共建筑用户数量分别为 3019 万户和 172 万户，居住建筑平均每户供热面积 104m^2，公共建筑平均每户供热面积约 600m^2。

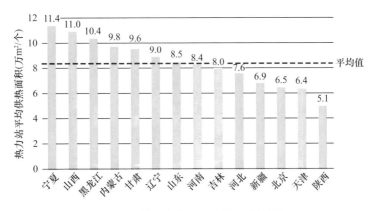

图 2-14　统计企业热力站平均供热面积

　　参加协会 2022 年统计工作的供热企业服务的供热用户中，居住建筑已统计节能等级的供热面积为 22.2 亿 m^2，其中二步及以上节能居住建筑平均占比 70.2%（图 2-15）；公共建筑已统计节能等级的供热面积为 6.4 亿 m^2，其中节能公共建筑平均占比 62.1%（图 2-16）。

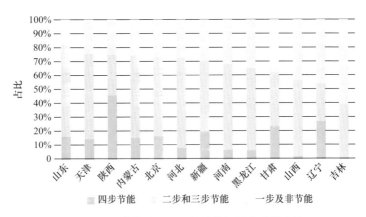

图 2-15　统计企业不同节能等级居住建筑占比

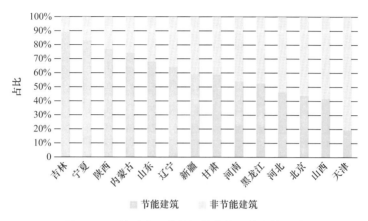

图 2-16　统计企业节能与非节能公共建筑占比

2.3　企业供热经营基础数据

2.3.1　供热价格

供热价格按照按面积收费和热计量收费两种类型进行统计。由于历史原因，各地按面积收费的办法和标准有所不同，大部分省（区、市）按照建筑面积收费，少数地区按照使用面积或套内面积来收费，个别地区按照供暖面积收费。这里需要强调建筑面积、使用面积、套内面积和供暖面积的定义。建筑面积是指建筑物（包括墙体）所形成的楼地地面面积[①]；使用面积是指房间实际能使用的面积，不包括墙、柱等结构构造的

① 《建筑工程建筑面积计算规范》GB/T 50353—2013。

面积①；套内面积是由套内房屋使用面积，套内墙体面积，套内阳台建筑面积三部分组成②；供暖面积以房屋建筑竣工图为准，凡有供暖设施的房间（贯穿间）以图标轴线各减半壁墙厚度的实际间距计算供暖面积③。

2021—2022供暖期，协会统计的70个城市供热价格结果显示，按面积收费的平均居民供热价格为22.94元/m²，热电联产多热源联网、区域燃煤锅炉以及燃气锅炉供热的居民平均供热价格分别为22.32元/m²、24.85元/m²、25.27元/m²。按面积收费的居民供热价格最低地区为晋城市，12.6元/m²，去除非北方供暖区域（贵阳市居民供热价格为36元/m²）外，居民供热价格最高的是北京市区域燃气锅炉房供热的用户，为30元/m²；哈尔滨市居民供热按使用面积收费为38.32元/m²，如果按照建筑面积的75%折算为使用面积，则建筑面积的收费为28.74元/m²。分地区看，东北地区供暖期较长，按面积收费的居民平均供热价格为26.82元/m²，明显高于其他地区。

按面积收费的非居民平均供热价格为33.14元/m²，热电联产多热源联网、区域燃煤锅炉以及燃气锅炉供热的非居民平

---

① 《住宅设计规范》GB 50096—2011。
② 《房产测量规范 第1单元：房产测量规定》GB/T 17986.1—2000。
③ 《秦皇岛市城市供热管理办法》。

均供热价格分别为 32.62 元 /m²、32.69 元 /m²、34.18 元 /m²。
非居民供热价格最低地区为淄博市，20.5 元 /m²；最高地区为
张家口市，49 元 /m²（表 2-6、图 2-17、表 2-7）。

各地按面积收费供热价格　　　　　　　　表 2-6

序号	省（区、市）	城市	居民供热价格（元 /m²）	非居民供热价格（元 /m²）	备注
1	北京	北京	24.00/30.00①	43.00/45.00②	
2	天津	天津	25.00	40.00	
3	河北	石家庄	22.00	31.00	
4		沧州	22.50	34.00	
5		承德	24.00	33.00	
6		邯郸	21.00	35.50	
7		廊坊	22.00	38.00	
8		秦皇岛	34.00	34.00	居民按供暖面积
9		唐山	26.00	34.30	居民按使用面积
10		邢台	18.00	30.00	
11		张家口	22.95	49.00	
12	山西	太原	18.00	37.50	
13		大同	25.85	38.50	居民按使用面积
14		阳泉	21.00	35.00	
15		运城	16.00/22.00③	24.00/25.00/30.00④	
16		长治	13.20/16.50⑤	28.80/36.00⑥	
17		晋城	12.60	28.00	
18		临汾	14.00	23.20/28.40⑦	
19		吕梁	18.00	28.00	

序号	省（区、市）	城市	居民供热价格（元/m²）	非居民供热价格（元/m²）	备注
20	内蒙古	呼和浩特	22.08	30.18	
21		赤峰	21.60	27.00/28.80⑧	
22		包头	21.00	26.40	
23	辽宁	沈阳	26.00	32.00	
24		本溪	26.00	32.00	
25		大连	25.00/26.00⑨	30.00/31.00⑩	
26		抚顺	26.00	34.00	
27		阜新	26.00	32.00	
28		锦州	25.00	31.00	
29		营口	25.00	28.00	
30	吉林	长春	27.00	31.00	
31		吉林	27.00	29.50/33.00⑪	
32		辽源	28.00	36.50	
33	黑龙江	哈尔滨	38.32	43.30	均为使用面积
34		大庆	29.00	34.50/43.50⑫	
35		鹤岗	26.00	37.00	
36		鸡西	27.78	39.31	
37		牡丹江	38.16	38.16	居民按使用面积
38		齐齐哈尔	27.00	35.00	
39	山东	济南	20.50/26.70⑬	28.90/39.80⑭	
40		济宁	18.00	28.60	
41		临沂	23.00	34.00	居民按套内面积
42		青岛	30.40	33.06	居民按使用面积
43		泰安	23.00	33.60	

续表

序号	省（区、市）	城市	居民供热价格（元 /m²）	非居民供热价格（元 /m²）	备注
44	山东	威海	25.00	33.90	居民按使用面积
45		烟台	23.00	34.50	
46		枣庄	19.20	28.30	
47		淄博	22.00	20.50/36.00[15]	居民按套内面积
48		菏泽	24.00	30.00	
49	河南	郑州	22.80	33.60	居民按套内面积
50		安阳	21.60	38.40	
51		焦作	21.18	32.67	
52		三门峡	19.00	32.00	
53		商丘	17.28	31.20	
54		洛阳	18.73[16]	36.30	
55		新乡	21.00	33.60	
56	安徽	合肥	21.50/23.00[17]	—	
57		宿州	21.00	35.00	
58	陕西	西安	21.20/23.20[18]	28.00/30.00[19]	
59		渭南	22.00	30.00	
60	甘肃	兰州	25.00	35.00/41.00/46.00[20]	
61		酒泉	20.50	28.00	
62		平凉	20.50	28.00	
63		天水	21.20	35.20/39.20[21]	
64		武威	23.00	30.00/33.75[22]	
65		张掖	25.00	29.00	
66		白银	25.00	31.00	
67	贵州	贵阳	36.00	45.00	

续表

序号	省（区、市）	城市	居民供热价格（元/m^2）	非居民供热价格（元/m^2）	备注
68	宁夏	银川	24.50	34.50/39.00	
69		吴忠	19.00	29.00	
70	新疆	乌鲁木齐	22.00	22.00	

① 北京市居民供热价格：热电联产 24 元/m^2，燃气锅炉 30 元/m^2。

② 北京市非居民供热价格：热电联产与燃气锅炉城六区 45 元/m^2，非城六区 43 元/m^2。

③ 运城市居民供热价格：热电联产 16 元/m^2，燃煤锅炉 22 元/m^2。

④ 运城市非居民供热价格：热电联产 24/25 元/m^2，燃煤锅炉 30 元/m^2。

⑤ 长治市居民供热价格：热电联产 13.2/16.5 元/m^2。

⑥ 长治市非居民供热价格：热电联产 28.8/36 元/m^2。

⑦ 临汾市非居民供热价格：热电联产办公建筑 23.2 元/m^2、商业建筑 28.4 元/m^2。

⑧ 赤峰市非居民供热价格：热电联产非经营性建筑 27 元/m^2、经营性建筑 28.8 元/m^2。

⑨ 大连市居民供热价格：热电联产 26 元/m^2，燃煤锅炉 25 元/m^2。

⑩ 大连市非居民供热价格：热电联产 31 元/m^2，燃煤锅炉 30 元/m^2。

⑪ 吉林市非居民供热价格：经营性用房 33 元/m^2，非经营性用房 29.5 元/m^2。

⑫ 大庆市非居民供热价格：商业服务用房 43.5 元/m^2，公共建筑 34.5 元/m^2。

⑬ 济南市居民供热价格：热电联产 20.5/26.7 元/m^2，燃煤燃气锅炉 26.7 元/m^2。

⑭ 济南市非居民供热价格：热电联产 28.9/39.8 元/m^2，燃煤燃气锅炉 39.8 元/m^2。

⑮ 淄博市非居民供热价格：学校、社区类建筑 20.5 元/m^2，公共建筑 36 元/m^2。

⑯ 洛阳市居民供热价格：多层建筑 19.60 元/m^2，小高层建筑 18.73 元/m^2，高层建筑 17.86 元/m^2。

⑰ 合肥市居民供热价格：144m^2 内 21.5 元/m^2，超过部分 23 元/m^2。

⑱ 西安市居民供热价格：物业代管 21.2 元/m^2，直管到户 23.2 元/m^2。

⑲ 西安市非居民供热价格：物业代管 28 元/m^2，直管到户 30 元/m^2。

⑳ 兰州市非居民供热价格：二类学校 35 元/m^2，三类宾馆 41 元/m^2，四类商铺 46 元/m^2。

㉑ 天水市非居民供热价格：商业建筑 35.2 元/m^2，办公建筑 39.2 元/m^2。

㉒ 武威市非居民供热价格：公共建筑 30 元/m^2，商业建筑 33.75 元/m^2。

注：若无特别说明，表中居民供热价格和非居民供热价格均为按建筑面积收费的价格。图 2-17 和表 2-7，若无特别说明，也均为按建筑面积收费。

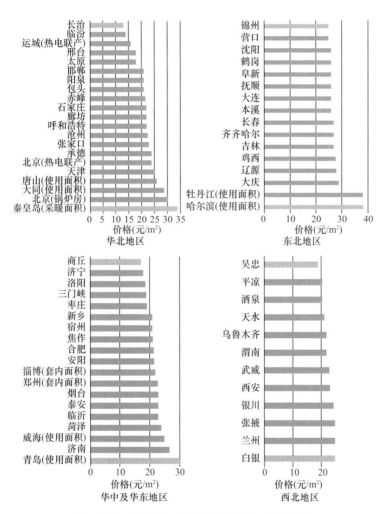

图 2-17　不同地区居民按面积收费供热价格

不同区域范围居民按面积收费供热价格　　表 2-7

地区	平均供热价格（元 /m²）	最低供热价格（元 /m²）	最高供热价格（元 /m²）
华北地区	21.19	13.20	34.00（供暖面积）
东北地区	26.82	25.00	38.32（使用面积）
华中及华东地区	20.70	17.28	30.40
西北地区	22.58	19.00	25.00

热计量收费为两部制热价，其中基础热价按面积收费供热价格的一定比例，计量热价按实际用热量收取。协会统计了近 50 个城市的居民供热计量收费价格，平均基础热价、计量热价分别为 9.02 元 /m²，0.153 元 /kWh（折合 42.5 元 /GJ）。居民热计量收费中基础热价占比最高的城市为北京市，燃气锅炉热计量收费基础热费占比为 60%，其余地区占比以 30% 居多。居民计量热价，夏热冬冷地区贵阳市最高，为 0.38 元 /kWh（折合 105.6 元 /GJ）。北方供暖地区大连市最高，为 0.237 元 /kWh（折合 65.9 元 /GJ）；包头市最低，为 0.064 元 /kWh（折合 17.8 元 /GJ）。

非居民供热计量收费价格中，平均基础热价、计量热价分别为 13.61 元 /m²，0.235 元 /kWh（折合 65.3 元 /GJ），非居民计量热价最高和最低的地区分别为北京市 [0.356 元 /kWh（折合 98.9 元 /GJ）] 和乌鲁木齐市 [0.079 元 /kWh（折合 22 元 /GJ）]（表 2-8、图 2-18、图 2-19）。

各地按热计量收费供热价格　　　表 2-8

序号	省（区、市）	城市	居民		非居民		备注
			基础热价（元/m²）	计量热价（元/kWh）	基础热价（元/m²）	计量热价（元/kWh）	
1	北京	北京	12.00/18.00[①]	0.160	13.50/18.00	0.329/0.356[②]	
2	天津	天津	7.50	0.130	12.00	0.252	
3	河北	石家庄	6.60	0.16	9.30	0.22	
4		保定	5.40	0.14	6.90	0.18	
5		沧州	6.75	0.167	10.20	0.335	
6		承德	7.20	0.19	16.50	0.18	
7		邯郸	6.30	0.17	10.65	0.27	
8		廊坊	7.50/11.00	0.18/0.112	10.50	0.245	
9		秦皇岛	10.20	0.16	10.20	0.24	居民基础热价按供暖面积
10		唐山	9.75	0.11	17.15	0.23	
11		邢台	5.40	0.15	9.00	0.25	
12	内蒙古	包头	10.50	0.064	13.20	0.082	
13		赤峰	—	—	8.64	0.095	
14	山西	太原	5.40	0.17	11.25	0.34	
15		大同	7.76	0.15	11.55	0.30	
16		晋城	3.84	0.094	8.40	0.207	
17		阳泉	6.30	0.13	10.50	0.30	
18		长治	3.96	0.14	8.64	0.32	
19		运城	4.80	0.204	7.20	0.306	
20	辽宁	大连	15.00	0.237	15.00	0.237	
21	吉林	长春	—	—	31.00	0.245	
22		吉林	—	—	9.90	0.20	

续表

序号	省（区、市）	城市	居民		非居民		备注
			基础热价（元/m²）	计量热价（元/kWh）	基础热价（元/m²）	计量热价（元/kWh）	
23	黑龙江	哈尔滨	15.33	0.153	17.32	0.173	按使用面积
24		鹤岗	10.40	0.075	14.80	0.107	
25		牡丹江	16.00	0.13	16.00	0.18	
26		齐齐哈尔	10.08	0.10	14.00	0.13	
27		鸡西	11.11	0.081	15.72	0.115	
28	安徽	合肥	9.50	0.15	—	—	
29	山东	济南	8.01	0.20	11.94	0.30	
30		临沂	6.90	0.152	10.20	0.217	
31		青岛	9.12	0.152	—	0.297	
32		济宁	—	—	—	69.89	
33		泰安	6.90	0.17	10.08	0.25	
34		威海	7.50/6.90③	0.128/0.131④	10.17	0.195	
35		烟台	6.90	0.150	—	0.322	
36		枣庄	—	0.158	0	0.251	
37		淄博	6.60	0.16	10.80	0.25	
38	河南	郑州	6.84	0.22	10.80	0.32	
39		安阳	6.48	0.13	11.52	0.29	
40		焦作	6.23/6.30	0.11	—	0.23	
41		洛阳	5.62	0.14	10.80	0.259	
42		三门峡	5.70	0.11	9.60	0.23	
43	陕西	西安	6.96	0.158	9.00	0.212	

续表

序号	省（区、市）	城市	居民		非居民		备注
			基础热价（元/m²）	计量热价（元/kWh）	基础热价（元/m²）	计量热价（元/kWh）	
44	甘肃	兰州	7.50/25.00	0.171	10.50/12.30/13.80	0.239/0.280/0.314	
45		酒泉	29.60	0.140	29.60	0.155	
46	贵州	贵阳	10.00	0.38	—	—	
47	宁夏	吴忠	5.70	0.14	8.70	0.22	
48	新疆	乌鲁木齐	11.00	0.079/0.085	11.00	0.079/0.085	

① 北京市居民供热计量收费基价：热电联产 12 元/m²，燃气锅炉 18 元/m²。

② 北京市非居民供热计量收费计价：城六区 0.356 元/kWh，非城六区 0.329 元/kWh。

③ 威海市居民供热计量收费基价：市区 7.5 元/m²，文登 6.9 元/m²。

④ 威海市居民供热计量收费计量价：市区 0.128 元/kWh，文登 0.131 元/kWh。

注：若无特别说明，表中居民基础热价和非居民基础热价均按建筑面积收费的价格。

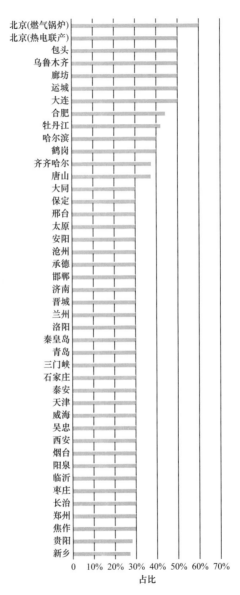

图 2-18 我国部分城市居民供热计量收费中基础热价占比

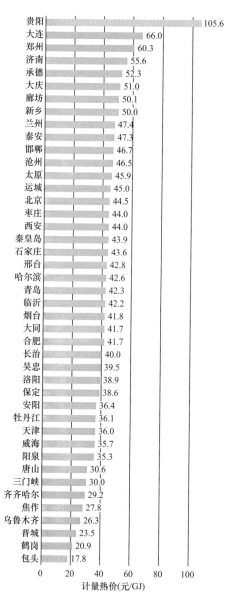

图 2-19　我国部分城市居民计量热价

2.3.2 外购热力价格

2021—2022 供暖期协会统计的 127 家供热企业中，有 95 家企业向上游电厂购买热量，外购热力（燃煤热电联产）价格最高为天津市（96.82 元 /GJ），最低为乌鲁木齐市（11.50 元 /GJ），平均价格为 37.62 元 /GJ，较上年上涨 3.86 元 /GJ，涨幅达 11.4%；外购热力（燃气热电联产）平均价格为 76.13 元 /GJ，较上年涨 19.48 元 /GJ，涨幅达 34.40%，最高为天津市（132.14 元 /GJ），最低为太原市（20.50 元 /GJ）。见图 2-20～图 2-22。

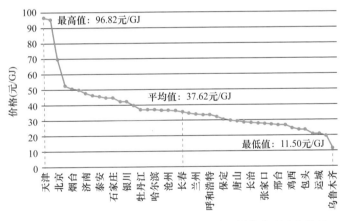

图 2-20　典型城市供热企业外购热力（燃煤热电联产）价格

外购热力（工业余热）平均价格为 27.11 元 /GJ，较上年下降 2.15 元，降幅达 7.30%；价格最高为枣庄市（59.70 元 /GJ），最低为运城市（6.30 元 /GJ），见图 2-23。

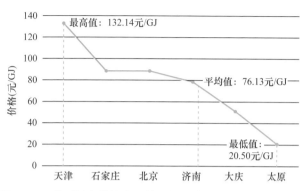

图 2-21　典型城市供热企业外购热力（燃气热电联产）价格

供暖期	平均		最高		最低	
	价格(元/GJ)	较上年变化(元/GJ)	价格(元/GJ)	城市	价格(元/GJ)	城市
2021—2022	37.62	↑3.86	96.82	天津	11.5	乌鲁木齐
2020—2021	33.76	↓0.14	87.00	北京	11.5	乌鲁木齐

(a)

供暖期	平均		最高		最低	
	价格(元/GJ)	较上年变化(元/GJ)	价格(元/GJ)	城市	价格(元/GJ)	城市
2021—2022	76.13	↑19.48	132.14	天津	20.5	太原
2020—2021	56.65	↓9.85	91.00	北京	20.5	太原

(b)

图 2-22　2020—2022 年外购热力价格变化情况

（a）外购热力（燃煤热电联产）价格变化情况；
（b）外购热力（燃气热电联产）价格变化情况

外购热力（长输热电联产）平均价格为 34.54 元 /GJ，较上年上涨 0.80 元 /GJ，涨幅为 2.30%；价格最高为青岛市

（82.00 元 /GJ），最低为太原市和大同市（15.00 元 /GJ），见图 2-24。各地外购热力价格见表 2-9～表 2-12。

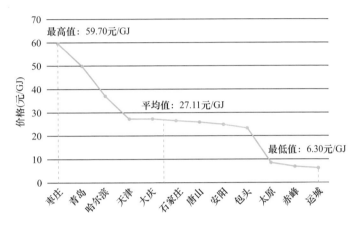

图 2-23　北方典型城市供热企业外购热力（工业余热）价格

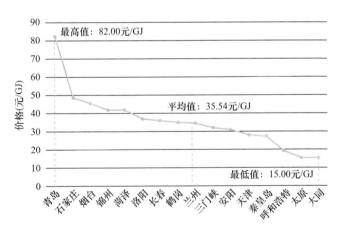

图 2-24　北方典型城市供热企业外购热力（长输热电联产）价格

部分地区供热企业外购热力（燃煤热电联产）价格

表 2-9

序号	省（区、市）	城市	外购热力（燃煤热电联产）价格（元/GJ）
1	北京	北京	31.00～70.00
2	天津	天津	28.00～96.82
3	河北	石家庄	27.00～44.97
4		邢台	27.13
5		邯郸	29.00
6		廊坊	29.70～30.00
7		秦皇岛	27.00
8		唐山	28.70～29.70
9		张家口	28.06
10		保定	31.00
11		承德	28.20
12		沧州	28.00～36.81
13	山西	太原	20.00
14		长治	27.50～28.50
15		大同	20.00
16		阳泉	20.00
17		运城	21.00
18		吕梁	20.50
19		临汾	27.50
20		晋城	27.50
21	内蒙古	呼和浩特	33.65
22		包头	22.00～23.86
23		赤峰	21.28

续表

序号	省（区、市）	城市	外购热力（燃煤热电联产）价格（元/GJ）
24	辽宁	大连	40.00
25		本溪	34.00
26		抚顺	32.66
27		阜新	35.00
28		锦州	35.00～36.00
29		营口	37.50
30	吉林	长春	36.00
31		吉林	35.39～36.69
32		辽源	33.87
33	黑龙江	哈尔滨	37.20
34		鸡西	25.20
35		牡丹江	37.50
36		齐齐哈尔	42.84
37	安徽	合肥	46.67
38	山东	济南	42.80～48.17
39		济宁	37.00
40		临沂	40.00～45.25
41		青岛	50.42
42		泰安	46.00
43		烟台	51.00
44		淄博	53.00
45	河南	郑州	37.00
46		安阳	31.00
47	陕西	西安	36.00～37.50

续表

序号	省（区、市）	城市	外购热力（燃煤热电联产） 价格（元 /GJ）
48	甘肃	兰州	34.40
49		白银	24.00
50	宁夏	银川	42.38
51	新疆	乌鲁木齐	11.50

部分地区供热企业外购热力（燃气热电联产）价格

表 2-10

序号	省（区、市）	城市	外购热力（燃气热电联产） 价格（元 /GJ）
1	北京	北京	87.40
2	天津	天津	28.00～132.14
3	河北	石家庄	87.75
4	山西	太原	20.50
5	山东	济南	78.00

部分地区供热企业外购热力（工业余热）价格

表 2-11

序号	省（区、市）	城市	外购热力（工业余热） 价格（元 /GJ）
1	天津	天津	27.60
2	河北	石家庄	18.00～26.65
3		唐山	26.00
4	山西	太原	8.50
5		运城	6.30
6	内蒙古	包头	23.50
7		赤峰	7.00

序号	省（区、市）	城市	外购热力（工业余热）价格（元/GJ）
8	黑龙江	哈尔滨	37.20
9	山东	青岛	50.42
10		枣庄	44.00～59.70
11	河南	安阳	25.00

部分地区供热企业外购热力（长输热电联产）价格

表 2-12

序号	省（区、市）	城市	外购热力（长输热电联产）价格（元/GJ）
1	天津	天津	28.00
2	河北	石家庄	26.00～48.67
3		秦皇岛	27.00
4	山西	太原	15.00
5		大同	15.00
6	内蒙古	呼和浩特	19.00
7	辽宁	锦州	42.00
8	吉林	长春	36.00
9	黑龙江	鹤岗	35.05
10	山东	菏泽	41.45
11		青岛	82.00
12		烟台	45.50
13	河南	安阳	31.00
14		洛阳	36.95
15		三门峡	31.60
16	甘肃	兰州	34.40

2.3.3　燃煤价格

协会统计了 28 个城市供热企业燃煤购入价格，见图 2-25 和表 2-13。标准煤平均价格为 1351.33 元 /tce，比上个供暖期上涨 526.33 元 /tce，涨幅高达 63.8%（2018—2019 供暖期为 814 元 /tce，2019—2020 供暖期为 768 元 /tce，2020—2021 供暖期为 825 元 /tce）。其中购煤价格最高为济南市（2126.04 元 /tce），最低为天津市（650 元 /tce）。

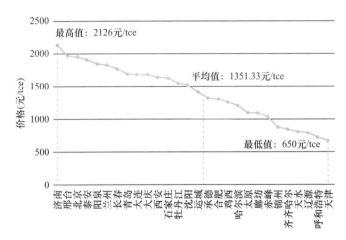

图 2-25　北方典型城市供热企业燃煤购入平均价格

各地供热企业燃煤购入价格　　　　　　表 2-13

序号	省（区、市）	城市	价格（元 /tce）
1	北京	北京	1939.84
2	天津	天津	650.00
3	河北	石家庄	1502.00～1610.00
4		邢台	1960.00

续表

序号	省（区、市）	城市	价格（元/tce）
5	河北	承德	1311.95
6		廊坊	1076.00
7	山西	太原	1087.00
8		阳泉	1829.76
9		运城	1404.00
10	山东	济南	2126.04
11		青岛	1285.45～1680.00
12		泰安	1900.00
13	内蒙古	呼和浩特	711.00
14		赤峰	1029.00
15	黑龙江	哈尔滨	1198.37
16		大庆	1100.00～1665.00
17		鸡西	1250.00
18		牡丹江	1540.00
19		齐齐哈尔	825.39
20	吉林	长春	777.00～1755.00
21		辽源	780.00
22	辽宁	沈阳	1515.00
23		大连	557.17～1667.37
24		锦州	859.38
25	陕西	西安	1627.00
26	安徽	合肥	1294.02
27	甘肃	兰州	1820.00
28		天水	786.48

2.3.4 天然气价格

协会统计了 24 个城市供热企业天然气购入价格,见图 2-26、表 2-14。2021—2022 供暖期,天然气平均价格为 3.60 元 /Nm³,比上个供暖期上涨 0.96 元 /Nm³,涨幅高达 36.4%(2018—2019 供暖期为 2.73 元 /Nm³,2019—2020 供暖期为 2.97 元 /Nm³,2020—2021 供暖期为 2.64 元 /Nm³),其中价格最高为郑州市(6.52 元 /Nm³),最低为乌鲁木齐市(1.37 元 /Nm³)。

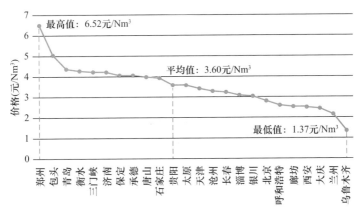

图 2-26 北方典型城市供热企业天然气购入价格

各地供热企业天然气购入价格 表 2-14

序号	省(区、市)	城市	价格(元 /Nm³)
1	北京	北京	2.35～2.82
2	天津	天津	3.43
3	河北	石家庄	3.75～3.95

续表

序号	省（区、市）	城市	价格（元/Nm³）
4	河北	保定	3.95～4.08
5		沧州	3.30
6		承德	4.08
7		衡水	4.30
8		廊坊	2.54
9		唐山	4.00
10	河南	郑州	6.52
11		三门峡	4.25
12	山西	太原	3.59
13	山东	济南	1.71～4.24
14		青岛	3.63～4.39
15		淄博	3.10
16	内蒙古	呼和浩特	2.61
17		包头	5.07
18	黑龙江	大庆	2.45
19	吉林	长春	3.25
20	陕西	西安	2.51
21	宁夏	银川	3.05
22	甘肃	兰州	2.17
23	贵州	贵阳	3.60
24	新疆	乌鲁木齐	1.37

2.3.5 电费与电价

供热企业用电电费统计主要是指供热系统对外供热全过程有关的动力设备、仪器仪表和照明灯所消耗的用电支出，包括热源用电和热力站用电。协会对各地 2021—2022 供暖期综合电价进行了统计，平均综合电价为 0.69 元 /kWh（2018—2019 供暖期为 0.70 元 /kWh，2019—2020 供暖期为 0.67 元 /kWh，2020—2021 供暖期为 0.68 元 /kWh）。综合电价最高为北京市（1.16 元 /kWh），最低为乌鲁木齐市（0.45 元 /kWh），见图 2-27、表 2-15。

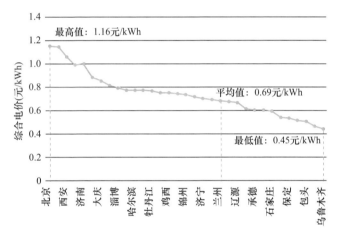

图 2-27　典型城市供热企业综合电价

各地综合电价　　　　　表 2-15

序号	省（区、市）	城市	综合电价（元 /kWh）
1	北京	北京	0.82～1.16
2	天津	天津	0.70
3	河北	石家庄	0.58～0.60
4		保定	0.54
5		邢台	0.51～0.80

续表

序号	省（区、市）	城市	综合电价（元/kWh）
6	河北	沧州	0.54
7		承德	0.61
8		秦皇岛	0.52
9		邯郸	0.54
10		廊坊	0.64～0.82
11		唐山	0.72～1.00
12		张家口	0.52
13	河南	郑州	0.78
14		洛阳	0.62
15		安阳	0.72
16		三门峡	0.75
17	山西	太原	0.61
18		大同	0.60
19		晋城	0.80
20		临汾	0.60
21		吕梁	0.70
22		长治	0.57～0.60
23		运城	0.77
24		阳泉	0.68
25	山东	济南	0.72～1.00
26		济宁	0.71
27		临沂	0.71
28		青岛	0.69～0.76
29		泰安	0.70
30		烟台	0.63
31		枣庄	0.70
32		淄博	0.80

序号	省（区、市）	城市	综合电价（元/kWh）
33	内蒙古	呼和浩特	0.55
34		包头	0.51
35	黑龙江	哈尔滨	0.68～0.78
36		大庆	0.77～0.86
37		鹤岗	0.71
38		鸡西	0.76
39		牡丹江	0.77
40		齐齐哈尔	0.70
41	吉林	长春	0.78～1.15
42		吉林	0.78
43		辽源	0.67
44	辽宁	沈阳	0.72
45		大连	0.67～0.89
46		本溪	0.69
47		抚顺	0.71
48		阜新	0.71
49		锦州	0.72～0.74
50		营口	0.71
51	陕西	西安	1.07
52	安徽	合肥	0.68
53	甘肃	兰州	0.69
54		白银	0.60
55		天水	0.47
56	贵州	贵阳	0.60
57	宁夏	银川	0.50～0.52
58	新疆	乌鲁木齐	0.45

2.3.6 水费与水价

水费统计数据为保障供暖系统正常运行所消耗的补水量支出，且补水量不包括供热系统初始上水量。各地自来水价格差异较大，2021—2022 供暖期自来水平均价格为 5.52 元 /m³（2018—2019 供暖期为 5.67 元 /m³，2019—2020 供暖期为 5.45 元 /m³，2020—2021 供暖期为 5.80 元 /m³）。最高为赤峰市（9.90 元 /m³），最低为临汾市（2.00 元 /m³），见图 2-28、表 2-16。

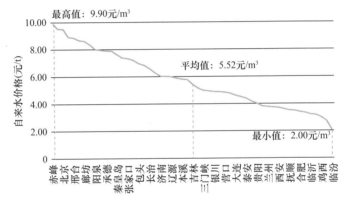

图 2-28　典型城市自来水价格

各地自来水价格表　　　　　　　　表 2-16

序号	省（区、市）	城市	自来水价格（元 /m³）
1	北京	北京	8.50～9.50
2	天津	天津	3.25～7.95
3	河北	石家庄	8.94
4		保定	7.10～7.25
5		邢台	5.10～8.88

续表

序号	省（区、市）	城市	自来水价格（元/m³）
6	河北	沧州	6.29
7		承德	7.90
8		秦皇岛	7.64
9		邯郸	9.54
10		廊坊	7.50～8.63
11		唐山	5.20～8.70
12		张家口	7.34
13	河南	郑州	8.33
14		洛阳	5.90
15		安阳	5.80
16		三门峡	5.00
17	山西	太原	6.03
18		大同	5.80
19		晋城	4.50
20		临汾	2.00
21		吕梁	4.00
22		运城	4.90
23		长治	4.00～6.60
24		阳泉	8.02
25	山东	济南	4.45～6.05
26		济宁	4.20
27		临沂	3.20
28		青岛	5.28～5.40
29		泰安	4.40
30		烟台	3.62
31		枣庄	2.70
32		淄博	3.70

续表

序号	省（区、市）	城市	自来水价格（元/m³）
33	内蒙古	呼和浩特	7.40
34		包头	6.97
35		赤峰	9.90
36	黑龙江	哈尔滨	2.95～3.50
37		大庆	4.00～5.40
38		鹤岗	3.35
39		鸡西	3.00
40		牡丹江	7.90
41		齐齐哈尔	3.83
42	吉林	长春	6.78～6.84
43		吉林	5.40
44		辽源	6.00
45	辽宁	大连	4.57～4.61
46		本溪	5.85
47		抚顺	3.55
48		阜新	4.76
49		锦州	3.65～3.75
50		营口	4.85
51	陕西	西安	3.70
52	安徽	合肥	3.40
53	甘肃	兰州	3.80
54		白银	5.16
55		天水	3.19
56	贵州	贵阳	4.00
57	宁夏	银川	4.92
58	新疆	乌鲁木齐	4.74～4.94

2.3.7　人工成本

地区之间及同地区不同企业之间企业职工人均工资有时存在显著差异。协会共统计了 73 家供热企业职工人均工资，平均值为 10.72 万元/（人·a），最大值为华中地区企业［23.12 万元/（人·a）］、最低值为东北地区企业［3.57 万元/（人·a）］，最高值是最低值 6.5 倍。分地区看，人均工资平均值最高的地区为华中地区［14.55 万元/（人·a）］，最低的地区为华北地区（不含京津冀）［7.52 万元/（人·a）］。华北地区（不含京津冀）和华东地区企业之间工资收入相对平均，其他地区不同企业之间职工工资收入差距较大（图 2-29）。

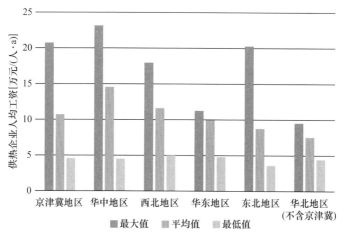

图 2-29　各地区供热企业人均工资

2.3.8　管网新建及老旧改造费用

2022 年共有 47 家企业投资 51 亿元用于新建供热管网建

设，涉及供热面积共计 22.3 亿 m²。企业用于新建供热管网建设资金差异较大，最高达 9.5 亿元，最低为 87 万元。由于供热管网存在老化、腐蚀等问题，供热企业每年需开展老旧管网改造。2022 年共有 50 家企业投资 63 亿元改造管网 1616km，平均每延米投资约 0.39 万元；一次管网和二次管网年度改造长度占比分别为 2.4% 和 2.1%。受"三供一业"政策影响，部分供热企业加大老旧管网年度改造力度，年度改造长度最长为 177.9km（表 2-17）。

供热企业老旧管网改造情况统计表　　　表 2-17

企业编号	管网长度（km）	一次管网		二次管网		年度改造长度（km）
		总长度（km）	年度改造长度（km）	总长度（km）	年度改造长度（km）	
1	1988.00	593.00	16.20	1395.00	161.70	177.90
2	1070.00	251.00	8.40	819.00	159.60	168.00
3	2032.00	1567.00	125.00	465.00	4.80	129.80
4	1687.00	230.00	13.20	1457.00	78.70	91.90
5	4677.00	412.00	3.00	4265.00	66.00	69.00
6	2048.00	59.00	0.00	1988.00	68.10	68.10
7	1021.00	310.00	4.30	711.00	63.30	67.60
8	285.00	105.00	8.50	180.00	51.10	59.60
9	628.00	72.00	9.90	556.00	48.90	58.80
10	2536.00	621.00	11.50	1914.00	47.20	58.70
11	3598.00	1661.00	46.00	1973.00	2.00	48.00
12	693.00	265.00	0	428.00	42.60	42.60

续表

企业编号	管网长度（km）	一次管网		二次管网		年度改造长度（km）
		总长度（km）	年度改造长度（km）	总长度（km）	年度改造长度（km）	
13	4743.00	1197.00	4.80	3359.00	33.10	37.90
14	3290.00	1509.00	20.80	1781.00	14.00	34.80
15	4304.00	1037.00	18.80	3268.00	12.80	31.60
16	2142.00	441.00	2.00	1701.00	29.10	31.10
17	1449.00	180.00	2.50	1269.00	28.00	30.50
18	1152.00	210.00	2.50	941.00	27.50	30.00
19	4301.00	530.00	10.00	3759.00	17.00	27.00
20	2188.00	446.00	18.60	1742.00	8.10	26.70
21	575.00	107.00	0.50	468.00	25.10	25.60
22	978.00	231.00	12.00	747.00	11.00	23.00
23	1758.00	331.00	3.00	1427.00	20.00	23.00
24	1096.00	564.00	19.10	509.00	0.20	19.30
25	1890.00	595.00	12.70	1295.00	5.50	18.20
26	274.00	57.00	1.50	217.00	16.50	18.00
27	835.00	113.00	3.00	722.00	15.00	18.00
28	752.00	97.00	1.30	655.00	15.30	16.60
29	888.00	302.00	8.30	586.00	7.70	16.00
30	3445.00	330.00	5.00	3045.00	10.00	15.00
31	994.00	166.00	9.00	828.00	5.00	14.00
32	738.00	211.00	6.70	527.00	6.80	13.50
33	1502.00	275.00	1.40	1227.00	11.80	13.20
34	530.00	133.00	4.50	397.00	6.00	10.50
35	767.00	226.00	0.50	541.00	9.80	10.30

第 2 章

续表

企业编号	管网长度（km）	一次管网		二次管网		年度改造长度（km）
		总长度（km）	年度改造长度（km）	总长度（km）	年度改造长度（km）	
36	2237.00	377.00	1.10	1860.00	7.70	8.80
37	540.00	79.00	7.20	461.00	1.20	8.40
38	585.00	138.00	1.00	448.00	5.20	6.20
39	806.00	406.00	2.30	400.00	2.90	5.20
40	578.00	220.00	1.70	358.00	3.50	5.20

第 **3** 章

城镇供热行业运营数据统计

3.1 供热运行基础数据

3.1.1 供热时间

2021—2022 供暖期，统计 74 个城市 127 家企业供暖期最短 90d，最长 208d。其中寒冷地区城市 53 个，正式开始供暖最早时间的是 2021 年 10 月 15 日（长治市），最晚时间是 2021 年是 11 月 15 日；正式结束供暖最早时间是 2022 年 3 月 10 日（天水市），最晚时间是 2022 年 4 月 16 日（威海市）。供暖期最短时间是 121d，最长时间是 168d（长治市），见表 3-1。

寒冷地区 2021—2022 供暖期起止时间　　表 3-1

序号	省（区、市）	城市	供暖期正式开始日期	供暖期正式结束日期	实际供暖天数（d）	法定供暖天数（d）
1	北京	北京	2021 年 10 月 28 日	2022 年 03 月 22 日	146	121
2	天津	天津	2021 年 11 月 01 日	2022 年 03 月 31 日	151	121

续表

序号	省（区、市）	城市	供暖期正式开始日期	供暖期正式结束日期	实际供暖天数（d）	法定供暖天数（d）
3	河北	石家庄	2021年11月01日	2022年03月31日	151	121
4		保定	2021年11月01日	2022年03月31日	151	121
5		沧州	2021年11月01日	2022年3月31日	151	121
6		承德	2021年10月30日	2022年04月07日	160	151
7		邯郸	2021年11月01日	2022年03月31日	151	121
8		廊坊	2021年11月01日	2022年03月31日	151	121
9		秦皇岛	2021年10月28日	2022年04月05日	160	151
10		唐山	2021年11月01日	2022年04月01日	152	121
11		邢台	2021年11月01日	2022年03月31日	151	121
12		张家口	2021年10月25日	2022年04月07日	165	151
13	山西	太原	2021年10月20日	2022年04月03日	166	151
14		晋城	2021年11月01日	2022年03月25日	145	121
15		临汾	2021年10月28日	2022年03月15日	139	121
16		吕梁	2021年11月01日	2022年03月31日	151	151
17		阳泉	2021年10月20日	2022年03月31日	163	151
18		运城	2021年11月06日	2022年03月15日	130	121
19		长治	2021年10月15日	2022年03月31日	168	121
20	辽宁	沈阳	2021年11月01日	2022年03月31日	151	151
21		本溪	2021年10月28日	2022年04月02日	157	151
22		大连	2021年11月01日	2022年04月05日	156	151
23		锦州	2021年10月28日	2022年04月05日	160	151
24		营口	2021年10月28日	2022年04月07日	162	151
25	山东	济南	2021年11月05日	2022年03月23日	139	121
26		菏泽	2021年11月15日	2022年03月22日	128	121

续表

序号	省（区、市）	城市	供暖期正式开始日期	供暖期正式结束日期	实际供暖天数（d）	法定供暖天数（d）
27	山东	济宁	2021 年 11 月 05 日	2022 年 03 月 24 日	140	121
28		临沂	2021 年 11 月 06 日	2022 年 03 月 25 日	140	131
29		青岛	2021 年 11 月 07 日	2022 年 04 月 10 日	155	141
30		泰安	2021 年 11 月 05 日	2022 年 03 月 23 日	138	130
31		威海	2021 年 11 月 06 日	2022 年 04 月 16 日	162	136
32		烟台	2021 年 11 月 06 日	2022 年 04 月 01 日	147	136
33		枣庄	2021 年 11 月 08 日	2022 年 03 月 29 日	142	121
34		淄博	2021 年 11 月 05 日	2022 年 03 月 31 日	147	121
35	河南	郑州	2021 年 11 月 07 日	2022 年 03 月 22 日	136	121
36		安阳	2021 年 11 月 15 日	2022 年 03 月 20 日	126	121
37		鹤壁	2021 年 11 月 15 日	2022 年 03 月 15 日	121	121
38		焦作	2021 年 11 月 09 日	2022 年 03 月 15 日	127	121
39		洛阳	2021 年 11 月 15 日	2022 年 03 月 15 日	121	121
40		三门峡	2021 年 11 月 15 日	2022 年 03 月 22 日	128	121
41		商丘	2021 年 11 月 13 日	2022 年 03 月 23 日	131	121
42		新乡	2021 年 11 月 15 日	2022 年 03 月 20 日	126	121
43	陕西	西安	2021 年 11 月 08 日	2022 年 03 月 15 日	128	121
44		渭南	2021 年 11 月 15 日	2022 年 03 月 23 日	129	121
45	甘肃	兰州	2021 年 10 月 25 日	2022 年 03 月 31 日	158	151
46		白银	2021 年 10 月 23 日	2022 年 03 月 31 日	160	151
47		酒泉	2021 年 10 月 22 日	2022 年 04 月 02 日	163	151
48		平凉	2021 年 10 月 21 日	2022 年 03 月 31 日	162	151
49		天水	2021 年 10 月 31 日	2022 年 03 月 10 日	131	117
50		武威	2021 年 10 月 18 日	2022 年 03 月 31 日	165	151

第 3 章

续表

序号	省（区、市）	城市	供暖期正式开始日期	供暖期正式结束日期	实际供暖天数（d）	法定供暖天数（d）
51	甘肃	张掖	2021 年 10 月 25 日	2022 年 03 月 31 日	158	151
52	宁夏	银川	2021 年 10 月 20 日	2022 年 04 月 01 日	164	151
53		吴忠	2021 年 10 月 25 日	2022 年 03 月 31 日	158	151

统计严寒地区城市 18 个，正式开始供暖最早时间是 2021 年 10 月 3 日（乌鲁木齐），最晚时间是 2021 年 11 月 1 日（抚顺和阜新）；正式结束最早时间是 2022 年 3 月 31 日（抚顺市），最晚时间是 2022 年 4 月 30 日（鸡西市）。供暖期最短时间是 151d（抚顺市），最长时间是 208d（鸡西市），详见表 3-2。

严寒地区 2021—2022 供暖期起止时间　　表 3-2

序号	省（区、市）	城市	供暖期正式开始日期	供暖期正式结束日期	实际供暖天数（d）	法定供暖天数（d）
1	山西	大同	2021 年 10 月 11 日	2022 年 04 月 17 日	189	166
2	内蒙古	呼和浩特	2021 年 10 月 10 日	2022 年 04 月 19 日	192	183
3		包头	2021 年 10 月 10 日	2022 年 04 月 15 日	188	183
4		赤峰	2021 年 10 月 10 日	2022 年 04 月 15 日	188	183
5	辽宁	抚顺	2021 年 11 月 01 日	2022 年 03 月 31 日	151	151
6		阜新	2021 年 11 月 01 日	2022 年 04 月 05 日	156	151
7	吉林	长春	2021 年 10 月 15 日	2022 年 04 月 13 日	181	168
8		吉林	2021 年 10 月 15 日	2022 年 04 月 19 日	187	172
9		辽源	2021 年 10 月 18 日	2022 年 04 月 18 日	183	168

序号	省（区、市）	城市	供暖期正式开始日期	供暖期正式结束日期	实际供暖天数（d）	法定供暖天数（d）
10	黑龙江	哈尔滨	2021 年 10 月 14 日	2022 年 04 月 20 日	189	183
11		大庆	2021 年 10 月 08 日	2022 年 04 月 20 日	195	193
12		鹤岗	2021 年 10 月 05 日	2022 年 04 月 25 日	203	203
13		鸡西	2021 年 10 月 05 日	2022 年 04 月 30 日	208	208
14		牡丹江	2021 年 10 月 08 日	2022 年 04 月 25 日	200	183
15		齐齐哈尔	2021 年 10 月 12 日	2022 年 04 月 16 日	187	183
16	青海	西宁	2021 年 10 月 13 日	2022 年 04 月 15 日	185	183
17	新疆	乌鲁木齐	2021 年 10 月 03 日	2022 年 04 月 10 日	190	183
18		石河子市	2021 年 10 月 05 日	2022 年 04 月 15 日	193	183

此外，统计了南方地区 3 个城市 2021—2022 供暖期起止时间，见表 3-3。

南方地区 3 个城市 2021—2022 供暖期起止时间

表 3-3

序号	省	城市	供暖期正式开始日期	供暖期正式结束日期	实际供暖天数（d）	法定供暖天数（d）
1	安徽	宿州	2021 年 12 月 01 日	2022 年 03 月 01 日	90	91
2		合肥	2021 年 11 月 11 日	2022 年 03 月 05 日	115	91
3	贵州	贵阳	2021 年 11 月 15 日	2022 年 03 月 15 日	121	121

2021—2022 年 74 个城市 127 家供热企业，共有 64 个城市 112 家企业延长供暖期，延长率分别为 86% 和 88%；寒冷地区最多延长 47d，平均延长 16d；严寒地区最多延长 21d，平均延长 9d（图 3-1、图 3-2）。

3.1.2　供暖室内温度

协会统计了 2021—2022 供暖期全国 74 个城市的供暖室内温度达标要求，其中有 61 个城市居民室内温度合格标准为 18℃，占比达到 82%。大同和合肥两个城市居民室内温度合格标准为 16℃，此外，天津、保定、包头、大庆、哈尔滨、鹤岗、鸡西、吉林、牡丹江、齐齐哈尔、乌鲁木齐 11 个城市室内温度合格标准为 20℃。

从供热企业获取用户室内温度方式来看，127 家供热企业中，105 家企业通过人工抽检方式获取室内温度，84 家企业以自动采集方式获取室内温度，76 家企业同时采取人工抽检和自动采集两种方式获取室内温度。使用人工抽检和自动采集获取室内温度的供暖用户占总供暖用户的比例分别为 0.39% 和 0.7%。

居民供暖平均室内温度数据见图 3-3 和图 3-4。共有 94 家供热企业提供了提前供暖期居民室内温度统计数据，有 50% 的居民室内温度在 20～22℃之间，26% 的居民室内温度在 20℃以下，24% 的居民室内温度在 22℃以上。

图 3-1　2021—2022 供暖期寒冷地区城市法定供暖天数和
延长供暖天数示意图

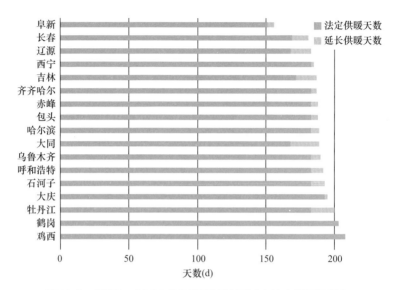

图 3-2　2021—2022 供暖期严寒地区城市法定供暖天数和
延长供暖天数示意图

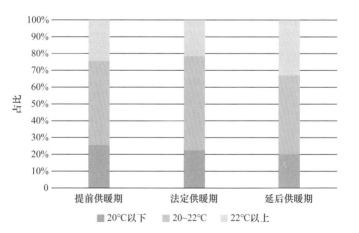

图 3-3　供暖期内居民室内温度占比

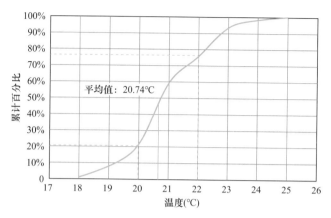

图 3-4　法定供暖期居民室内平均温度分布

共有 116 家供热企业提供了法定供暖期居民室内温度的数据，温度在 20～22℃之间的占比增加到 56%，在 20℃以下以及 22℃以上的占比均减少到 22%。

共有 79 家供热企业提供了延后供暖期居民室内温度统计数据，温度在 20～22℃之间的占比增加到 47%，20℃以下以及 22℃以上的占比分别为 20%、33%。

根据统计数据可知，法定供暖期居民室内平均温度统计值为 20.74℃，与 2021 年统计结果持平。提前供暖期、法定供暖期和延后供暖期居民室内温度超过 20℃的占比分别为 74%、78% 和 80%，延后供暖期室内温度偏高的比例加大，说明过量供热情况比较多。总体来说，供热企业应注意加强节能降耗工作，特别是提前或延长供暖期间更应该减少过量供热的情况发生。

3.1.3 热计量收费

在供热计量方面，127 家供热企业已知收费类型的建筑面积共计 35.7 亿 m^2，居住建筑和公共建筑分别为 25.9 亿 m^2 和 9.8 亿 m^2。其中，公共建筑供热计量收费面积共计 3.1 亿 m^2，占公共建筑供热面积的 31.7%，较上年统计结果增加 7.7 个百分点；居住建筑供热计量收费面积共计 3.3 亿 m^2，占居住建筑供热面积的 12.6%，较上年统计结果增加 1.6 个百分点。

各地不同收费类型供热面积统计见表 3-4。

各地不同收费类型供热面积统计　　　表 3-4

省（区、市）或地区	公共建筑			居住建筑		
	按面积收费（万 m^2）	供热计量收费（万 m^2）	供热计量收费占比	按面积收费（万 m^2）	供热计量收费（万 m^2）	供热计量收费占比
北京	7935	8203	50.8%	20567	3395	14.2%
天津	3345	875	20.7%	10757	2188	16.9%
河北	10110	1178	10.4%	38465	5946	13.4%
山西	6870	337	4.7%	11837	4448	27.3%
内蒙古	4900	87	1.7%	12212	44	0.4%
辽宁	6446	23	0.4%	12925	—	—
吉林	4261	215	4.8%	10140	—	—
黑龙江	7085	1001	12.4%	17462	46	0.3%
山东	4647	7093	60.4%	44951	6255	12.2%
河南	1624	9712	85.7%	16544	5570	25.2%
陕西	1088	127	10.4%	8826	874	9.0%
甘肃	3271	328	9.1%	8596	1313	13.2%

省 （区、市） 或地区	公共建筑			居住建筑		
	按面积 收费 （万 m²）	供热计量 收费 （万 m²）	供热计量 收费占比	按面积 收费 （万 m²）	供热计量 收费 （万 m²）	供热计量 收费占比
宁夏	818	105	11.4%	3859	109	2.7%
新疆	4188	593	12.4%	9146	1008	9.9%
南方地区	90	1092	92.4%	360	1615	81.8%

从表 3-4 可以看出，南方地区供热计量收费比例较高。北方地区公共建筑供热计量收费比例超过 20% 的有北京、天津、山东和河南，居住建筑供热计量收费比例超过 15% 的有天津、山西和河南。

通过各地供热计量收费占比以及统计面积占各省的总供热面积比例推算，北方地区按照供热计量收费的公共建筑和居住建筑总面积分别约为 6.3 亿 m² 和 6.6 亿 m²。

3.1.4　未供及报停供热面积

2021—2022 供暖期 127 家供热企业在网供热面积 41.7 亿 m²，实际供热面积 34.2 亿 m²，暂停供热面积 7.5 亿 m²，其中居民申请暂停供热面积 4.3 亿 m²，占统计供热面积的 10.3%。从各地数据来看，暂停率较高的省份分别是河南、山东、河北、辽宁、陕西和吉林，暂停率分别为 40%、27%、26%、24%、23% 和 20%（图 3-5）。分企业看，供热面积在 5000 万 m² 以上的 23 家供热企业在网供热面积 23.4 亿 m²，暂停供热

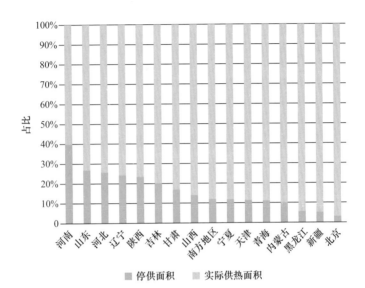

图 3-5　各地暂停供热面积与实际供热面积占比

面积 4.4 亿 m^2，暂停率最大为 42%，平均暂停率为 19%，暂停率超过 20% 的企业共有 11 家；供热面积在 1000 万～5000 万 m^2 的 63 家供热企业在网供热面积 15.8 亿 m^2，暂停供热面积 3 亿 m^2，暂停率最大为 42%，平均暂停率为 19%，暂停率超过 20% 的企业共有 30 家（表 3-5、表 3-6）。

供热面积 5000 万 m^2 以上的供热企业中暂停率
大于 20% 的企业及其相关数据　　表 3-5

企业编号	暂停供热面积占比		居民报停面积占总暂停面积的比例	暂停率
	公共建筑	居住建筑		
1	5%	95%	95%	42%
2	9%	91%	91%	42%

续表

企业编号	暂停供热面积占比		居民报停面积占总暂停面积的比例	暂停率
	公共建筑	居住建筑		
3	26%	74%	7%	37%
4	1%	99%	99%	35%
5	22%	78%	12%	35%
6	22%	78%	60%	25%
7	6%	94%	94%	23%
8	16%	84%	70%	21%
9	26%	74%	71%	20%
10	31%	69%	66%	20%
11	7%	93%	78%	20%

供热面积 3000 万～5000 万 m² 的供热企业中暂停热率
大于 20% 的企业及其相关数据　　　　表 3-6

企业编号	暂停供热面积占比		居民报停面积占总暂停面积的比例	暂停率
	公共建筑	居住建筑		
1	23%	77%	77%	42%
2	2%	98%	1%	42%
3	4%	96%	23%	40%
4	10%	90%	46%	37%
5	19%	81%	1%	34%
6	22%	78%	47%	34%
7	8%	92%	2%	33%
8	22%	78%	3%	30%
9	19%	81%	67%	30%

企业编号	暂停供热面积占比		居民报停面积占总暂停面积的比例	暂停率
	公共建筑	居住建筑		
10	26%	74%	1%	30%
11	21%	79%	16%	30%
12	29%	71%	3%	30%
13	32%	68%	3%	29%
14	0%	100%	17%	28%
15	28%	72%	62%	28%
16	0%	100%	72%	27%
17	24%	76%	76%	27%
18	24%	76%	76%	26%
19	30%	70%	70%	25%
20	30.0%	70%	57%	24%
21	1%	99%	19%	24%
22	23%	77%	77%	24%
23	25%	75%	37%	24%
24	24%	76%	22%	23%
25	31%	69%	55%	23%
26	25%	75%	75%	23%
27	31%	69%	23%	21%
28	34%	66%	54%	20%
29	13%	87%	46%	20%
30	39%	61%	61%	20%

对报停后收费标准进行统计，河北（工业区除外）、山东两地热费全免，其余地区收 10%~50% 热费，详见表 3-7。

各地报停面积收费标准　　　表 3-7

序号	报停面积收费标准	代表地区
1	热费全免	河北省（工业区除外）、山东省
2	收 10% 热费	酒泉市、兰州市、白银市
3	收 15% 热费	包头市、本溪市、大连市
4	收 20% 热费	天津市、吉林省、齐齐哈尔市、鹤岗市
5	收 25% 热费	鸡西市
6	收 30% 热费	北京市、山西省、呼和浩特市、哈尔滨市、大庆市、西安市、渭南市、平凉市、张掖市、银川市、吴忠市、石河子市
7	收 40% 热费	武威市
8	收 50% 热费	西宁市、乌鲁木齐市

3.1.5　供热量构成

2021—2022 供暖期，127 家供热企业所覆盖供热面积累计消耗热量 11.81 亿 GJ，平均每平方米 0.283GJ。其中，燃煤热电联产供热量占比 64.9%，燃气热电联产供热量占比 5.7%，燃煤锅炉供热量占比 12.0%，燃气锅炉供热量占比 13.1%，工业余热供热量占比 3.8%，热泵及生物质供热量占比 0.2%，其他（电锅炉、燃油锅炉等）供热量占比 0.3%（图 3-6）。

将图 3-6 和图 2-10 比较，燃煤热电联产供热热源占比 55.4%，实际供热量占比达到 64.9%，燃气热电联产供热热源占比 6.6%，实际供热量占比为 5.7%，即热电联产实际供热量占比与供热热源占比相比有所增加；燃煤锅炉供热热源占比 14.6%，实际供热量占比 12%，燃气锅炉供热热源占比 21.0%，

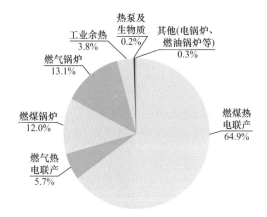

图 3-6　2021—2022 供暖期统计企业供热量来源构成统计数据

实际供热量占比 13.1%，即燃煤燃气锅炉实际供热量占比比供热热源占比均有所减少，说明在实际供热时，燃煤和燃气锅炉有一部分仅作为调峰锅炉投入使用。工业余热供热热源占比 1%，实际供热量占比 3.8%，说明工业余热有可能更多地作为基础热源在供热初、末期即投入使用。

3.2　供热经营指标

3.2.1　能源成本构成

2021—2022 供暖期，有 95 家企业向上游电厂购买热量，累计购买热量 8.72 亿 GJ，总购热成本 336.1 亿元，其中外购燃煤热电联产热力 60038 万 GJ、燃气热电联产热力 6655 万 GJ、工业余热热力 4380 万 GJ、长输热电联产热力 15773 万 GJ；共有 40 家企业拥有燃煤锅炉，共消耗燃煤 850.9 万 tce，总购煤成本 115 亿元；共有 43 家企业拥有燃气锅炉，共消耗天然气 42.6 亿 Nm³，总购气成本 153.4 亿元；127 家企业共消耗电量 104 亿 kWh，支出 71.7 亿元；累计消耗自来水 1.35 亿 m³，支出 7.5 亿元。

2021—2022 供暖期，统计企业总供热面积 41.7 亿 m²，总消耗能源成本 683.7 亿元，平均单位供热面积能源成本为 16.40 元。在供热企业能源成本中，外购热力及燃料成本占能源总成本的 88%，电和自来水水成本占能源总成本的 12%（图 3-7、表 3-8）。

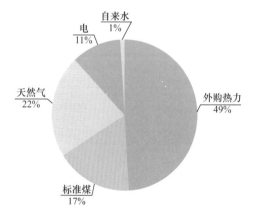

图 3-7　2021—2022 供暖期供暖能源成本构成

127 家供热企业总能源成本分项数据表　表 3-8

能源类型	单价			消耗量		发生成本（亿元）	占比
	单位	平均单价	较上年度变化量	单位	消耗量		
外购热力	元 /GJ	38.54	↑ 8.08	亿 GJ	8.72	336.10	49%

续表

能源类型	单价			消耗量		发生成本（亿元）	占比
	单位	平均单价	较上年度变化量	单位	消耗量		
标准煤	元/tce	1351.33	↑ 526.33	万tce	850.90	115.00	17%
天然气	元/Nm³	3.60	↑ 0.96	亿Nm³	42.60	153.40	22%
电力	元/kWh	0.69	↑ 0.01	亿kWh	104.00	71.70	11%
自来水	元/m³	5.52	↓ 0.28	亿t	1.35	7.50	1%
合计	—	—	—	—	—	683.70	100%

3.2.2 人均供热面积

2022 年，统计企业的正式职工总数约为 6 万人，季节工、临时工人数为 2.5 万人。人均供热面积为企业总供热面积与企业正式职工人数的比值。寒冷地区和严寒地区人均供热面积如图 3-8 所示。

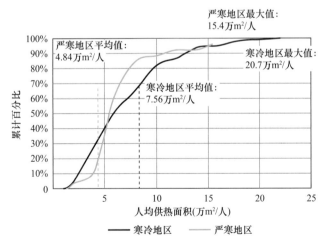

图 3-8　寒冷地区和严寒地区统计企业人均供热面积数据分布图

根据统计企业正式职工人数计算得人均供热面积为 6.95 万 m^2/ 人，较 2021 年增加了 9.45%，供热企业人力资源利用率继续提升，其中人均供热面积超过 10 万 m^2/ 人的供热企业有 22 家。分气候区来看，寒冷地区人均供热面积最大值为 20.7 万 m^2/ 人，最小值为 1.3 万 m^2/ 人，平均值为 7.56 万 m^2/ 人，中位数为 5.83 万 m^2/ 人；严寒地区人均供热面积最大值为 15.4 万 m^2/ 人，最小值为 1.2 万 m^2/ 人，平均值为 4.84 万 m^2/ 人，中位数为 3.2 万 m^2/ 人。

3.2.3　人均热费收入

人均热费收入根据企业居民热费收入、非居民热费收入以及企业正式职工人数计算得出。寒冷地区和严寒地区人均热费收入如图 3-9 所示。两个地区人均热费收入均出现极大

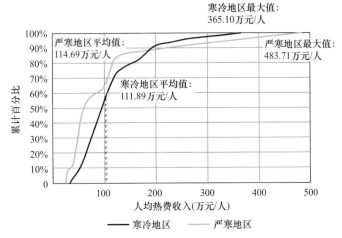

图 3-9　寒冷地区和严寒地区统计企业人均热费收入数据分布图

值，寒冷地区比严寒地区数据相对分散，且整体数值大于严寒地区。

寒冷地区 72 家企业数据显示，人均热费收入最大值为 365.10 万元 / 人，最小值为 32.60 万元 / 人，平均值为 111.89 万元 / 人。

严寒地区 22 家企业数据显示，人均热费收入最大值为 483.71 万元 / 人，最小值为 25.60 万元 / 人，平均值为 114.69 万元 / 人。

3.2.4   平均供暖成本

平均供暖成本是供热企业重要的基础经营指标，为企业从事供热主营业务所发生的成本与企业实际供热面积之比，可反映供热企业涉及能源消耗、人力和物力资源的经营管理水平。2021—2022 供暖期统计企业平均供暖成本为 31.66 元 /m^2，较上个供暖期增加 3.08 元 /m^2，上涨幅度达 10.8%。2021—2022 供暖期寒冷地区和严寒地区平均供暖成本见图 3-10。

寒冷地区供暖成本平均值为 32.35 元 /m^2，较上年增加 4.51 元 /m^2，上涨幅度达 16.2%；最大值 57.10 元 /m^2，最小值 16.67 元 /m^2，中位数 26.70 元 /m^2。

严寒地区供暖成本平均值为 29.25 元 /m^2，较上年增加 2.01 元 /m^2，上涨幅度达 7.4%；最大值为 44.01 元 /m^2，最小值为 20.26 元 /m^2，中位数为 28.16 元 /m^2。

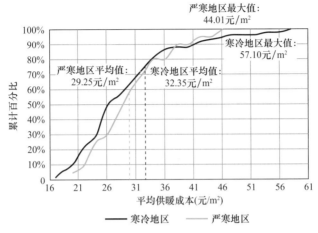

图 3-10　2021—2022 供暖期寒冷地区和
严寒地区平均供暖成本数据分布图

3.2.5　供热成本构成

协会对供热企业 2022 年度供热成本按原材料成本和其他
成本分别进行了统计。其中原材料成本包括燃料成本、水电
费，其他成本包括职工薪酬、固定资产折旧、环保投入、修理
维护费、管理费用、财务费用等。

从供热成本构成来看，历年燃料（热力、燃煤、燃气
等）成本占比都在 50% 以上。2022 年全行业各类成本中占
比从高到低前几项依次为热力和燃料成本、固定资产折旧、
职工薪酬、管理费用、修理维护费和水电费，占比分别为
52.8%、16.1%、10.2%、6.1%、5.6% 和 4.6%，上年比例分别
为 54.6%、16.3%、9.6%、6.1%、4.2% 和 4.8%，即热力及燃

料成本占比降低 1.8 个百分点，固定资产折旧占比降低 0.2 个百分点，职工薪酬占比增加 0.6 个百分点，修理维护费占比增加 1.4 个百分点，水电费占比降低 0.2 个百分点表明供热企业人工成本继续增加，节能增效带来供热企业热力及燃料成本、水电费等可变成本下降，修理维护成本增加显著（图 3-11）。

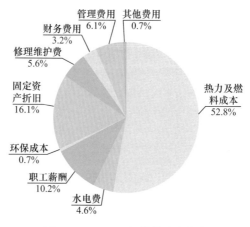

图 3-11　2022 年供热成本构成

从气候分区看，严寒地区热力与燃料成本、职工薪酬和水电费占比较寒冷地区分别高出 5.1、2.0、1.2 个百分点，寒冷地区固定资产折旧占比较严寒地区高出 3.8 个百分点，详见图 3-12 和图 3-13。从地区看，受供暖期长的影响，东北地区热力及燃料成本占比、职工薪酬占比高于其他地区；华中地区电费及水费占比最高，华东地区和京津冀地区环保成本占比明显高于其他地区，华北地区（不含京津冀）固定资产

折旧成本占比最大达 21.6%，华东地区修理维护费占比最大
为 11.9%，各地区管理费用占比差别较小，华北地区（不含京
津冀）、华东地区和西北地区财务费用占比均超过 3%，详见
表 3-9。

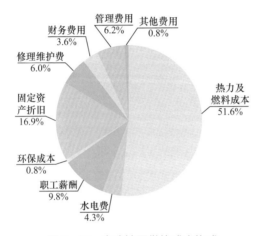

图 3-12　寒冷地区供热成本构成

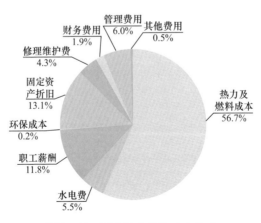

图 3-13　严寒地区供热成本构成

各地区供热成本构成 表 3-9

地区	热力及燃料成本占比	水电费占比	职工薪酬占比	环保成本占比	固定资产折旧占比	修理维护费占比	管理费用占比	财务费用占比	其他费用占比
京津冀地区	53.1%	4.4%	10.3%	1.0%	16.9%	4.9%	6.6%	2.0%	0.8%
华北地区（不含京津冀）	48.6%	5.0%	11.0%	0.2%	21.6%	3.8%	5.5%	3.9%	0.4%
东北地区	56.5%	5.2%	13.0%	0.3%	9.8%	5.9%	7.1%	1.8%	0.4%
华东地区	51.8%	3.8%	7.4%	1.3%	13.7%	11.9%	6.1%	3.4%	0.6%
华中地区	54.3%	6.3%	9.5%	0.1%	16.9%	4.2%	5.5%	1.1%	2.1%
西北地区	55.4%	4.2%	9.8%	0.2%	19.2%	2.3%	4.8%	3.2%	0.9%

3.2.6 燃料费用占比

供热企业燃料费用包括外购热力费用和自产热力外购燃料费用，燃料费用占比为燃料费用占供热企业总成本的比例。寒冷地区和严寒地区燃料费用数据如图 3-14 所示，寒冷地区供热企业燃料费用占比平均值略低于严寒地区。

寒冷地区企业燃料费用占比最大值为 79.0%，最小值为 30.0%，平均值为 53.0%，中位数为 52.0%，数据集中在 40.0%～60.0%。

严寒地区企业燃料费用占比最大值为 69.0%，最小值为 40.0%，平均值为 54.0%，中位数为 53.0%，数据集中在 45.0%～60.0%。

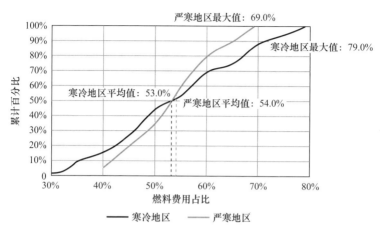

图 3-14 供热企业燃料费用占比数据分布图

3.2.7 水电费占比

根据企业统计数据，对寒冷地区和严寒地区供热成本中水电费占比进行分析，如图 3-15 所示。

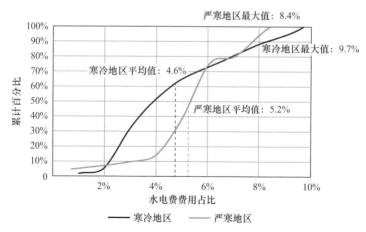

图 3-15 供热企业水电费占比数据分布图

寒冷地区供热企业水电费占比最大值为 9.7%，最小值为 1.0%，平均值为 4.6%，中位数为 3.8%，数据集中在 2.0%～6.0%。

严寒地区供热企业水电费占比最大值为 8.4%，最小值为 0.7%，平均值为 5.2%，中位数为 5.5%，数据集中在 4.0%～7.0%。

3.2.8　固定资产折旧占比

根据统计数据，对寒冷地区和严寒地区供热成本中固定资产折旧费用占比进行分析，如图 3-16 所示。

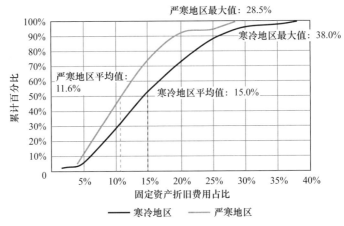

图 3-16　供热企业固定资产折旧费用占比数据分布图

寒冷地区供热企业固定资产折旧费用占比最大值为 38.0%，最小值为 2.0%，平均值为 15.0%，中位数为 14.6%，数据集中在 5.0%～20.0%。

　　严寒地区供热企业固定资产折旧费用占比最大值为
28.5%，最小值为 4.1%，平均值为 11.6%，中位数为 10.4%，
数据集中在 5.0%～15.0%。

3.2.9　职工薪酬占比

　　根据统计数据，对寒冷地区和严寒地区供热成本中职工薪
酬占比进行分析，如图 3-17 所示。

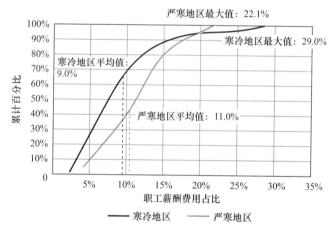

图 3-17　供热企业职工薪酬费用占比数据分布图

　　寒冷地区供热企业职工薪酬费用占比最大值为 29.0%，最
小值 2.0%，平均值为 9.0%，中位数为 7.4%，数据集中在
4.0%～15.0%。

　　严寒地区供热企业职工薪酬费用占比最大值为 22.1%，最
小值 4.2%，平均值为 11.0%，中位数为 11.2%，数据集中在
5.0%～15.0%。

3.3　供热企业供热能耗指标

3.3.1　热源

1. 热源折算单位面积耗热量

热源单位面积耗热量为供热企业的热源供热量与实际供热面积之比。寒冷地区和严寒地区热源单位面积耗热量数据如图 3-18 所示。

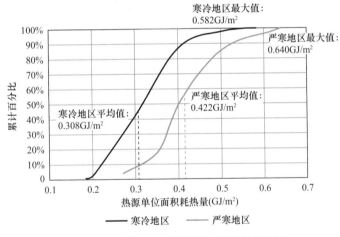

图 3-18　热源单位面积耗热量数据分布图

寒冷地区热源单位面积耗热量最大值为 0.582GJ/m^2，最小值为 0.184GJ/m^2，平均值为 0.308GJ/m^2，中位数为 0.315GJ/m^2。

严寒地区热源单位面积耗热量最大值为 0.640GJ/m^2，最小值为 0.273GJ/m^2，平均值为 0.422GJ/m^2，中位数为 0.396GJ/m^2。

由于不同气候区建筑围护结构建造时已经考虑了室外温度影响，因此对计算获得的热源单位面积耗热量按照同一供暖天数折算获取企业热源折算单位面积耗热量后可进行统一比较。本书按照供暖天数为 121d 对各企业热源折算单位面积耗热量进行了折算，如图 3-19 所示。

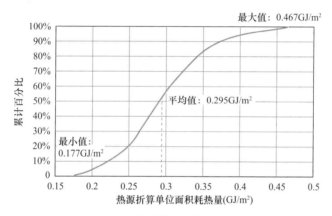

图 3-19　热源折算单位面积耗热量数据分布图

供热企业热源折算单位面积耗热量最大值为 0.467GJ/m²，最小值为 0.177GJ/m²，平均值为 0.295GJ/m²，中位数为 0.288GJ/m²，整体数据较为集中，主要集中在 0.200～0.400GJ/m² 之间。

2. 单位供热量燃煤消耗量

单位供热量燃煤消耗量为燃煤消耗总量与供热总量的比值，包括热电联产调峰锅炉房和区域供热锅炉房数据，统计结果如图 3-20 所示。

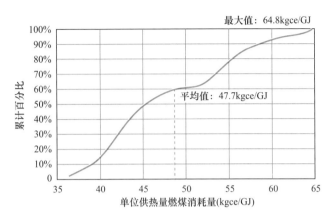

图 3-20 单位供热量燃煤消耗量数据分布图

单位供热量燃煤消耗量最大值为 64.8kgce/GJ，最小值为 36.3kgce/GJ，平均值为 47.7kgce/GJ，中位数为 45.2kgce/GJ，数据集中在 38.0~48.0kgce/GJ 之间。

根据《供热系统节能改造技术规范》GB/T 50893—2013（以下简称 GB/T 50893）要求，燃煤锅炉单位供热量燃料消耗量小于 48.7kgce/GJ，2022 年统计企业锅炉符合率为 61.0%，与上年持平；《民用建筑能耗标准》GB/T 51161—2016（以下简称 GB/T 51161）对燃煤锅炉单位供热量燃料消耗量的约束值为 43kgce/GJ，2022 年统计企业锅炉符合率为 36.6%，较上年增加 4.6 个百分点。

根据燃煤锅炉单位供热量燃煤消耗量进行锅炉效率换算，结果如图 3-21 所示。燃煤锅炉效率最大值为 94.0%，最小值为 52.7%，平均值为 73.4%，中位数为 76.0%。

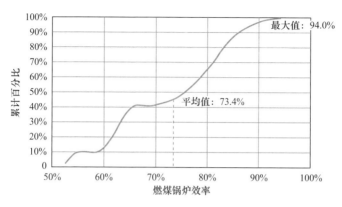

图 3-21　燃煤锅炉效率数据分布图

3. 燃煤锅炉单位面积燃煤消耗量

燃煤锅炉单位面积燃煤消耗量为区域锅炉房燃煤消耗总量与区域锅炉房实际供热面积的比值。根据统计数据对其进行测算，分寒冷地区和严寒地区分别统计，结果如图 3-22 所示。

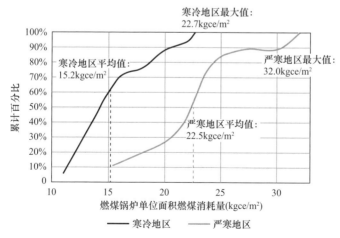

图 3-22　燃煤锅炉单位面积燃煤消耗量数据分布图

寒冷地区燃煤锅炉单位面积燃煤消耗量最大值为 22.7kgce/m², 最小值为 11.0kgce/m², 平均值为 15.2kgce/m², 中位数为 14.3kgce/m²。

严寒地区燃煤锅炉单位面积燃煤消耗量最大值为 32.0kgce/m², 最小值为 15.3kgce/m², 平均值为 22.5kgce/m², 中位数为 22.7kgce/m²。

两个地区的平均值均满足 GB/T 50893 对供暖建筑单位面积燃煤消耗量的要求（12.0~18.0kgce/m²、9.0~26.0kgce/m²）, 最大值均超出 GB/T 50893 的要求。

4. 单位供热量燃气消耗量

根据供热企业统计数据，将燃气消耗量折算为标准天然气消耗量，则单位供热量燃气消耗量为标准天然气消耗总量与供热总量的比值，包括热电联产调峰锅炉房和区域供热锅炉房数据，如图 3-23 所示。单位供热量燃气消耗量最大值为 36.5Nm³/GJ, 最小值为 26.2Nm³/GJ, 平均值为 29.0Nm³/GJ, 中位数为 28.5Nm³/GJ, 数据在 27.0~30.0Nm³/GJ 之间较集中。

GB/T 50893 对燃气锅炉单位供热量燃气消耗量的要求是不大于 31.2Nm³/GJ, 2022 年统计企业锅炉的符合率为 94%, 较上年降低 1%。GB/T 51161 对该指标的约束值为 32.0Nm³/GJ, 2022 年统计企业锅炉符合率为 96%, 较上年降低 4%; 引导值为 29.0Nm³/GJ, 2022 年统计企业锅炉符合率为 63%, 较上年降低 7%。

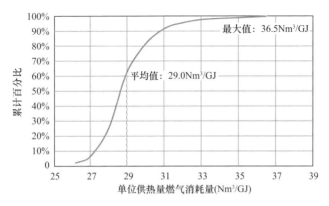

图 3-23　单位供热量燃气消耗量数据分布图

根据燃气锅炉单位供热量燃气消耗量进行锅炉效率换算，结果如图 3-24 所示。

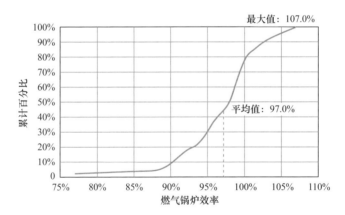

图 3-24　燃气锅炉效率数据分布图

燃气锅炉效率最大值为 107.0%，最小值为 77.0%，平均值为 97.0%，中位数为 98.3%。

5. 燃气锅炉单位面积燃气消耗量

燃气锅炉单位面积燃气消耗量为锅炉房标准天然气消耗总量与实际供热面积的比值。根据统计数据，将其折算到标准天然气消耗量，并分寒冷地区、严寒地区分别统计，如图 3-25 所示，寒冷地区数据整体明显低于严寒地区。

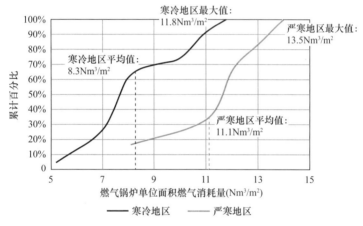

图 3-25　燃气锅炉单位面积燃气消耗量数据分布图

寒冷地区燃气锅炉单位面积燃气消耗量最大值为 $11.8Nm^3/m^2$，最小值为 $5.2Nm^3/m^2$，平均值为 $8.3Nm^3/m^2$，中位数为 $7.6Nm^3/m^2$。

严寒地区燃气锅炉单位面积燃气消耗量最大值为 $13.5Nm^3/m^2$，最小值为 $8.1Nm^3/m^2$，平均值为 $11.1Nm^3/m^2$，中位数为 $11.3Nm^3/m^2$。

寒冷地区燃气锅炉单位面积燃气消耗量平均值满足 GB/T

50893 的要求（8.0～12.0Nm³/m²），严寒地区单位面积燃气消耗量低于该标准的要求（12.0～17.0Nm³/m²）。以上统计数据表明，我国寒冷地区统计范围内的燃气锅炉单位面积燃气消耗量平均值和最大值均能够符合现行国家标准的要求，严寒地区燃气锅炉单位面积燃气消耗量平均值低于国家标准的要求。

3.3.2　热网

1. 一次管网平均供水温度

根据统计数据，对一次管网平均供水温度分寒冷地区和严寒地区进行分析，结果如图 3-26 所示。

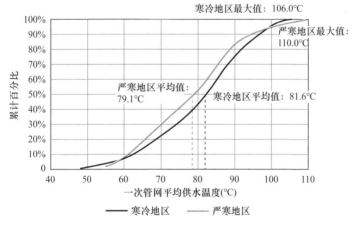

图 3-26　一次管网平均供水温度数据分布图

2022 年寒冷地区一次管网平均供水温度（统计时取法定供暖期内每天一次管网供水温度的平均值）最大值为 106.0℃，

最小值为 48.0℃，平均值为 81.6℃（较上年下降 1.4℃），中位数为 83.2℃。严寒地区一次管网平均供水温度最大值为 110.0℃，最小值为 54.0℃，平均值为 79.1℃（比上年增加 0.1℃），中位数为 80.0℃。一次管网平均供水温度集中在 70.0～90.0℃之间，寒冷地区和严寒地区平均值相差 2.5℃。

2. 一次管网平均回水温度

根据统计数据，对一次管网平均回水温度分寒冷地区和严寒地区进行分析，结果如图 3-27 所示。

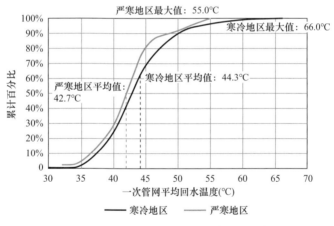

图 3-27　一次管网平均回水温度数据分布图

2022 年寒冷地区一次管网平均回水温度（统计方法同上）最大值为 66.0℃，最小值为 30.0℃，平均值为 44.3℃（较上年下降 1.7℃），中位数为 43.7℃；严寒地区一次管网平均回水温度最大值为 55.0℃，最小值为 32.0℃，平均值为 42.7℃（较上年下降 1.3℃), 中位数为 42.0℃。一次管网平均回水温度集中在 35～50℃之间, 寒冷地区平均值较严寒地区高 1.6℃。

3. 热网热量输送效率

热网热量输送效率 η 以一次管网平均回水温度和一次管网平均供水温度为基础数据计算得来, 计算公式见式 (3-1)。

$$\eta=\left(1-\frac{一次管网平均回水温度-室内温度}{一次管网平均供水温度-室内温度}\right)\times100\% \quad (3-1)$$

其中, 室内温度取 20.0℃。

计算供热企业热网热量输送效率, 结果如图 3-28 所示。

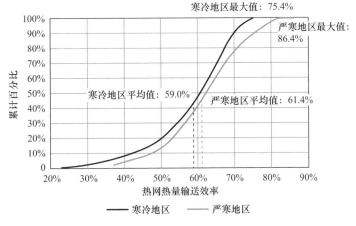

图 3-28　热网热量输送效率数据分布图

2022 年寒冷地区热网热量输送效率最大值为 75.4%, 最小值为 22.9%, 平均值为 59.0%(较上年增加 1.2%), 中位数为 61.5%; 严寒地区热网热量输送效率最大值为 86.4%, 最小值为 37.1%，平均值为 61.4%（较上年增加 1.5%），中位数为 62.3%。一次热网热量输送效率集中在 50.0%～70.0% 之间。

4. 一次管网单位面积循环流量

分热电联产供热和区域锅炉供热分别统计一次管网单位面积循环流量，统计结果如图 3-29 所示。

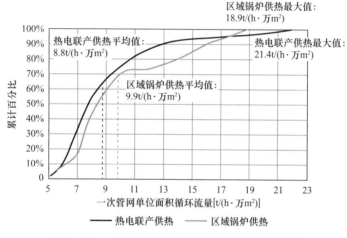

图 3-29　一次管网单位面积循环流量数据分布图

2022 年热电联产供热一次管网单位面积循环流量最大值为 21.4t/（h·万 m²），平均值为 8.8t/（h·万 m²），最小值为 5.1t/（h·万 m²），中位数为 7.7t/（h·万 m²）。

区域锅炉供热一次管网单位面积循环流量最大值为 18.9t/（h·万 m²），平均值为 9.9t/（h·万 m²），最小值为 5.7t/（h·万 m²），中位数为 8.5t/（h·万 m²）。

5. 一次管网热损失率

分热电联产供热和区域锅炉供热分别统计一次管网热损失率，统计结果如图 3-30 所示。

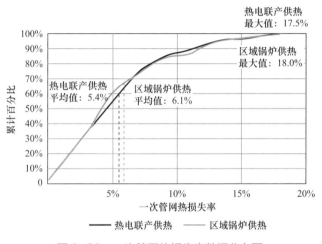

图 3-30　一次管网热损失率数据分布图

热电联产供热一次管网热损失率最大值为 17.5%，平均值为 5.4%，最小值为 0.1%，中位数为 5.0%。

区域锅炉供热一次管网热损失率最大值为 18%，平均值为 6.1%，最小值为 0.1%，中位数为 4.0%。

6. 一次管网单位面积补水量

一次管网单位面积补水量为供暖期内平均每月保障供暖系统正常运行一次管网的补水量与供热面积之比，不包括供暖系统初始上水量。根据统计数据，分热电联产供热和区域供热房供热对其分析，结果如图 3-31 所示。

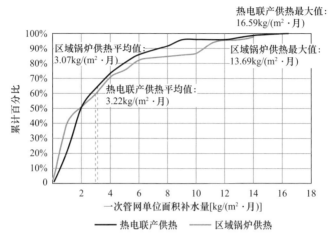

图 3-31　一次管网单位面积补水量数据分布图

2022 年热电联产供热一次管网单位面积补水量最大值为 16.59kg/（m²·月），最小值为 0.11kg/（m²·月），平均值为 3.22kg/（m²·月），平均值较上年下降 0.82kg/（m²·月），中位数为 2.00kg/（m²·月）；区域锅炉房供热一次管网单位面积补水量最大值为 13.69kg/（m²·月），最小值为 0.03kg/（m²·月），平均值为 3.07kg/（m²·月），平均值较上年下降 1.10kg/（m²·月），中位数为 1.30kg/（m²·月）。供热企业一次管网单位面积补水量集中在 5.00kg/（m²·月）以下。

3.3.3　热力站

1. 折算单位面积耗热量

按照供暖天数为 121d 对各供热企业设计工况下热力站单位面积耗热量再次进行折算，结果如图 3-32 所示。

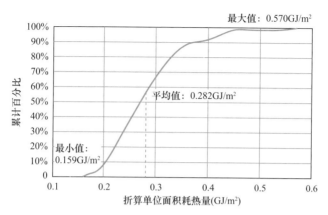

图 3-32　热力站折算单位面积耗热量数据分布图

2022 年热力站折算单位面积耗热量最大值为 0.570GJ/m²，最小值为 0.159GJ/m²，平均值为 0.282GJ/m²，平均值较上年下降 0.008GJ/m²。整体来看，数据集中在 0.240～0.360GJ/m²。

2. 单位面积耗电量

2022 年热力站耗电量为各种泵（如循环泵、补水泵、加压泵等）的耗电量。根据统计数据，热力站单位面积耗电量最大值为 1.20kWh/（m²·月），最小值为 0.04kWh/（m²·月），平均值为 0.29kWh/（m²·月），平均值较上年增加 0.03kWh/（m²·月），中位数为 0.26kWh/（m²·月）。整体来看，数据集中在 0.10～0.40kWh/（m²·月），如图 3-33 所示。

3. 单位供热量耗电量

根据统计数据，2022 年热力站单位供热量耗电量最大值为 8.55kWh/GJ，最小值为 0.67kWh/GJ，平均值为 3.50kWh/GJ，

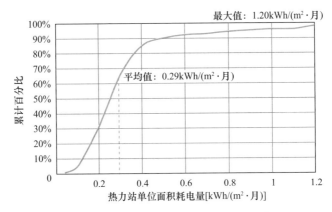

图 3-33 热力站单位面积耗电量数据分布图

平均值与上年统计结果基本持平，中位数为 3.30kWh/GJ。整体来看，数据集中在 1.00～5.00kWh/GJ（图 3-34）。

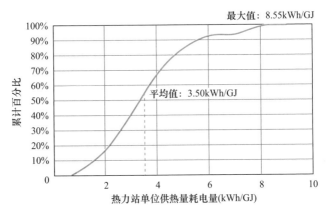

图 3-34 热力站单位供热量耗电量数据分布图

4. 单位面积补水量

热力站单位面积补水量为供暖期内保障供暖系统正常运

行二次管网平均每月的补水量与供热面积之比，统计结果如图 3-35 所示。

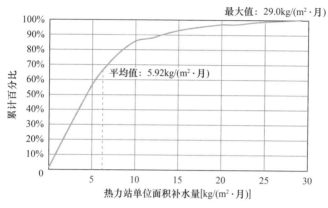

图 3-35　热力站单位面积补水量数据分布图

2022 年热力站单位面积补水量最大值 29.0kg/（m²·月），最小值 0.01kg/（m²·月），平均值 5.92kg/（m²·月），平均值与上年相比降低 0.61kg/（m²·月），中位数为 5.00kg/（m²·月）。

第**4**章

供热能效领跑指标排行榜

　　针对 2021—2022 供暖期统计结果，协会从供热企业人员管理效率、热源、热网、热力站及供热系统综合能效等方面对企业指标进行数据整理分析，采用专业、实用、科学的方法进行数据比对，以实现不同气候地域、不同气象参数、不同运营方式间的行业内对标，发布单项指标及综合指标行业先进值优秀企业排名，鼓励会员间相互对标学习，促进行业节能减排工作，推动行业向着低碳化、智能化、数字化方向高质量可持续发展。

4.1　排名范围

　　参与排名的供热企业应满足以下条件：

　　（1）参加协会 2021—2022 年统计工作的供热企业会员单位。

　　（2）供热面积在 1000 万 m² 以上（标杆热力站评选除外）。

（3）基础指标填报完整。

最终，符合排名规则的供热企业共 86 家，其中寒冷地区 + 夏热冬冷地区供热企业 60 家，严寒地区供热企业 26 家。

4.2　运营指标设定

2023 年评选指标包括人均供热面积（万 m^2/ 人）、燃煤锅炉热源效率（kgce/GJ）、燃气锅炉热源效率（Nm^3/GJ）、工业余热供热能力（MW）、热网热量输送效率（%）、热源单位面积耗热量（GJ/m^2）、热力站单位面积耗电量 [kWh/（m^2·月）]、热力站单位面积补水量 [kg/（m^2·月）]、标杆热力站、供热行业能效领跑者 10 项。

4.3　2023 年度指标排名规则

4.3.1　人均供热面积

1. 排名条件

（1）供热面积、直管到户面积、企业总人数统计数据完整；

（2）人均供热面积按直管到户供热面积和非直管到户供热面积（乘以系数 0.3）为基础数据计算；

（3）供热面积以 5000 万 m^2 为界：供热面积 5000 万 m^2 以上的，由高到低排名取前 5 名（寒冷地区取前 4 名，严寒地区取第 1 名）；供热面积 5000 万 m^2 以下的，取前 6 名（寒冷地区取前 4 名，严寒地区取前 2 名）。

2. 排名结果

共计 11 家供热企业入选。供热面积 5000 万 m^2 以上的企业中，寒冷地区和严寒地区人均供热面积最大值分别为 13.5 万 m^2/人、13.1 万 m^2/人；供热面积 5000 万 m^2 以下的企业中，寒冷地区和严寒地区人均供热面积最大值分别为 19.3 万 m^2/人、8.3 万 m^2/人（图 4-1）。

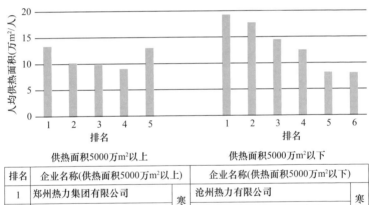

排名	企业名称(供热面积5000万m^2以上)		企业名称(供热面积5000万m^2以下)	
1	郑州热力集团有限公司	寒冷地区	沧州热力有限公司	寒冷地区
2	天津能源投资集团有限公司		临沂市新城热力集团有限公司	
3	洛阳热力集团有限公司		宁夏电投热力有限公司	
4	石家庄华电供热集团有限公司		中环寰慧（河津）节能热力有限公司	
1	宝石花同方能源科技有限公司	严寒地区	包头市华融热力有限责任公司	严寒地区
2	—		新疆天富能源股份有限公司供热分公司	

图 4-1 人均供热面积优秀企业排名及其相关数据

4.3.2 （燃煤锅炉）热源效率

1. 排名条件

（1）热电联产调峰或区域锅炉单位供热量燃煤消耗量统计数据完整；

（2）根据锅炉单位供热量燃煤消耗量统计数据，由低到高排名，取前 5 名。

2. 排名结果

共计 5 家供热企业入选，单位供热量燃煤消耗量最低值为 36.3kgce/GJ（图 4-2）。

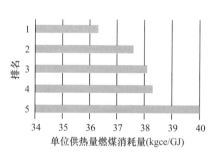

排名	企业名称
1	天津能源投资集团有限公司
2	辽源市热力集团有限公司
3	济南热电有限公司
4	青岛顺安热电有限公司
5	哈尔滨太平供热有限责任公司

图 4-2　单位供热量燃煤消耗量优秀企业排名及其相关数据

4.3.3 （燃气锅炉）热源效率

1. 排名规则

（1）热电联产调峰或区域锅炉单位供热量燃气消耗量统计数据完整；

（2）根据锅炉单位供热量燃气消耗量统计数据，由低到高排名，取前 5 名。

2. 排名结果

共计 7 家供热企业入选，单位供热量燃气消耗量最低值为 27.0Nm³/GJ（图 4-3）。

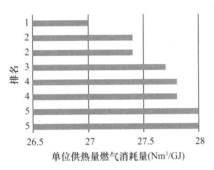

排名	企业名称
1	沧州热力有限公司
2	青岛能源热电集团有限公司
2	西安瑞行城市热力发展集团有限公司
3	西安市热力集团有限责任公司
4	包头市热力(集团)有限责任公司
4	北京北燃热力有限公司
5	兰州热力集团有限公司
5	太原市热力集团有限责任公司

图 4-3　单位供热量燃气消耗量优秀企业排名及其相关数据

4.3.4　工业余热供热能力

1. 排名规则

（1）工业余热供热能力统计数据完整；

（2）工业余热供热能力由高到低排名，取前 5 名。

2. 排名结果

共计 5 家供热企业入选，工业余热供热能力最大值为 467MW（图 4-4）。

4.3.5　热网热量输送效率

1. 排名规则

（1）供暖期一次管网平均供水温度和一次管网平均回水温度统计数据完整；

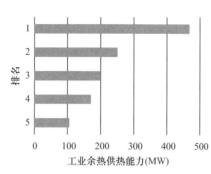

排名	企业名称
1	包头市热力（集团）有限责任公司
2	唐山市热力集团有限公司
3	中电洲际环保科技发展有限公司
4	盾安（天津）节能系统有限公司
5	淄博市热力集团有限责任公司

图 4-4　工业余热供热能力优秀企业排名及其相关数据

（2）按式（3-1）计算热网热量输送效率 η，其中室内温度取 20℃；

（3）以供热面积 5000 万 m² 为界，分别按热网热量输送效率由高到低排名，取前 5 名。

2. 排名结果

共计 10 家供热企业入选，供热面积 5000 万 m² 以上的企业中，热网热量输送效率最大值为 74.1%，供热面积 5000万 m² 以下的企业中，热网热量输送效率最大值为 73.2%（图 4-5）。

4.3.6　热源折算单位面积耗热量

1. 排名规则

（1）热源供热量和实际供热面积统计数据完整；

（2）根据供热企业热源供热量和实际供热面积获得热源单位面积耗热量；

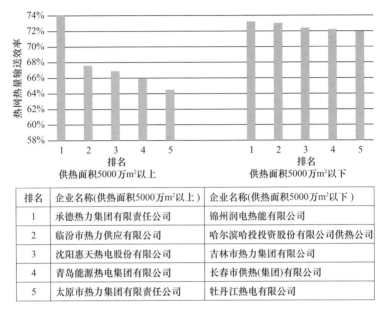

排名	企业名称(供热面积5000万m²以上)	企业名称(供热面积5000万m²以下)
1	承德热力集团有限责任公司	锦州润电热能有限公司
2	临汾市热力供应有限公司	哈尔滨哈投投资股份有限公司供热公司
3	沈阳惠天热电股份有限公司	吉林市热力集团有限公司
4	青岛能源热电集团有限公司	长春市供热(集团)有限公司
5	太原市热力集团有限责任公司	牡丹江热电有限公司

图 4-5　热网热量输送效率优秀企业排名及其相关数据

（3）对热源单位面积耗热量按照供暖天数为 121d 进行折算，获得企业热源（折算）单位面积耗热量；

（4）对折算后的热源单位面积耗热量分寒冷地区和严寒地区由低到高排名，分别取前 5 名。

2. 排名结果

共计 11 家供热企业入选，寒冷地区和严寒地区热源折算单位面积耗热量最低值分别为 0.184GJ/m² 和 0.223GJ/m²（图 4-6）。

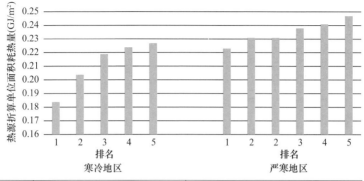

排名	寒冷地区企业名称	严寒地区企业名称
1	北京北燃供热有限公司	赤峰富龙热力有限责任公司
2	北京纵横三北热力科技有限公司	哈尔滨哈投投资股份有限公司供热公司
		乌鲁木齐华源热力股份有限公司
3	青岛能源热电集团有限公司	捷能热力电站有限公司
4	山西康庄热力有限公司	新疆广汇热力有限公司
5	北京北燃热力有限公司	长春市供热（集团）有限公司

图 4-6 热源折算单位面积耗热量优秀企业排名及其相关数据

4.3.7 热力站单位面积耗电量

1. 排名规则

（1）热力站每月单位面积耗电量统计数据完整；

（2）将热电联产和区域锅炉房供热的热力站单位面积耗电量通过供热面积加权计算获得热力站单位面积耗电量平均值；

（3）对每月热力站单位面积耗电量由低到高排名，取前10名。

2. 排名结果

共 13 家供热企业入选，热力站单位面积耗电量最低值为

0.045kWh/（m^2·月）（图 4-7）。

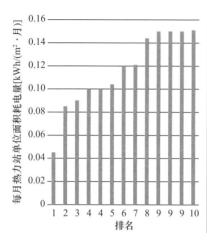

排名	企业名称
1	牡丹江热电有限公司
2	哈尔滨哈投投资股份有限公司供热公司
3	泰安市泰山城区热力有限公司
4	赤峰富龙热力有限责任公司
	承德热力集团有限责任公司
5	天津泰达津联热电有限公司
6	淄博市热力集团有限责任公司
7	乌鲁木齐华源热力股份有限公司
8	河北邢襄热力集团有限公司
9	北京纵横三北热力科技有限公司
	包头市华融热力有限责任公司
	锦州热力（集团）有限公司
10	阳城县蓝煜热力有限公司

图 4-7　每月热力站单位面积耗电量优秀企业排名及其相关数据

4.3.8　热力站单位面积补水量

1. 排名规则

（1）热力站每月单位面积补水量统计数据完整；

（2）将热电联产和区域锅炉房供热的热力站每月单位面积补水量通过面积加权计算获得企业热力站每月单位面积补水量平均值；

（3）对每月单位面积补水量由低到高排名，取前 10 名。

2. 排名结果

共 10 家供热企业入选，热力站单位面积补水量最低值为 0.33kg/（m^2·月）（图 4-8）。

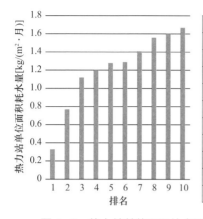

排名	企业名称
1	乌鲁木齐华源热力股份有限公司
2	牡丹江热电有限公司
3	青岛顺安热电有限公司
4	阳城县蓝煜热力有限公司
5	泰安市泰山城区热力有限公司
6	北京纵横三北热力科技有限公司
7	济南热力集团有限公司
8	临汾市热力供应有限公司
9	北京市热力集团有限责任公司
10	天津能源投资集团有限公司

图 4-8　热力站单位面积补水量优秀企业排名及其相关数据

4.3.9　标杆热力站

1. 排名规则

（1）供热企业选送水电热单耗较低的热力站参与评选，标杆热力站实际供热面积、供热量、耗电量、补水量数据填报完整；

（2）以标杆热力站法定供暖期供热量和实际供热面积计算出单位面积耗热量，再将其按供暖天数为 121d 折算，得出折算单位面积耗热量；以耗电量、补水量、实际供热面积和法定供暖天数计算得出每月单位面积耗电量、每月单位面积补水量；

（3）标杆热力站单位面积耗热量、每月单位面积耗电量、每月单位面积补水量均满足国家标准要求；

（4）按统一热价（50 元 /GJ）、电价（1 元 /kWh）和水价（10 元 /m³）计算标杆热力站经济指标，由低到高排名取前

25% 的热力站为标杆热力站。

2. 排名结果

共 21 个标杆热力站入选，如表 4-1 所示。

2023 年度标杆热力站名单　　　　表 4-1

排名	企业名称	热力站名称
1	建投河北热力有限公司	悦湖庄园热力站
2	秦皇岛市富阳热力有限责任公司	星光御园热力站
3	泰安市泰山城区热力有限公司	东岳鑫城换热站
4	国家电投集团东北电力有限公司大连开热分公司	华润海中国三期换热站
5	唐山市丰南区鑫丰热力有限公司	金盛一期热力站
6	太原市热力集团有限责任公司	万达回迁热力站
7	济南和盛热力有限公司	东风热力站
8	长治市城镇热力有限公司	职教园幼师南热力站
9	安阳益和热力集团有限公司	安和苑热力站
10	哈尔滨哈投投资股份有限公司供热公司	宏大热力站
11	牡丹江热电有限公司	德远天辰热力站
12	乌鲁木齐华源热力股份有限公司	水墨嘉苑小区 5 号换热站
13	赤峰富龙热力有限责任公司	鹏宇新希望楼宇热力站
14	北京新城热力有限公司	古韵新居热力站
15	齐齐哈尔阳光热力集团有限责任公司	百悦居二期换热站
16	秦皇岛市热力有限责任公司	万科热力站
17	北京市热力集团有限责任公司	霞公府 3 号热力站
18	青岛能源热电集团有限公司	万科红郡换热站

排名	企业名称	热力站名称
19	东方绿色能源（河北）有限公司石家庄热力分公司	紫庭热力站
20	宁夏电投热力有限公司	保伏桥 A 热力站
21	包头市热力（集团）有限责任公司	和悦大厦热力站

4.3.10 供热行业能效领跑者

1. 排名规则

（1）供热量、实际供热面积、热源折算单位面积耗热量、热力站单位面积耗水量、热力站单位面积耗电量、一次管网平均供水温度、一次管网平均回水温度统计数据完整；

（2）热力站单位面积耗热量、每月单位面积耗水量、每月单位面积耗电量指标均在国家标准要求范围内；

（3）将热源折算单位面积耗热量、热力站单位面积耗水量、热力站单位面积耗电量、热网热量输送效率和该项指标的行业第一名对比得出百分制分值，为该项指标得分；

（4）将热源折算单位面积耗热量、热力站每月单位面积补水量、热力站每月单位面积耗电量和热网热量输送效率的单项得分按照 0.4、0.25、0.15 和 0.2 的权重计算企业总得分，从高到低取得分前 25% 的供热企业为供热行业能效领跑者。

2. 排名结果

共 32 家供热企业入选，如表 4-2 和表 4-3 所示。

2023 年度供热行业能效领跑者名单

（供热面积 5000 万 m² 以上）　　　表 4-2

排名	企业名称
1	承德热力集团有限责任公司
2	青岛能源热电集团有限公司
3	济南热力集团有限公司
4	宝石花同方能源科技有限公司
5	北京市热力集团有限责任公司
6	乌鲁木齐热力（集团）有限公司
7	天津能源投资集团有限公司
8	安阳益和热力集团有限公司
9	洛阳热力集团有限公司
10	临汾市热力供应有限公司
11	郑州热力集团有限公司

2023 年度供热行业能效领跑者名单

（供热面积 5000 万 m² 以下）　　　表 4-3

排名	企业名称
1	乌鲁木齐华源热力股份有限公司
2	牡丹江热电有限公司
3	哈尔滨哈投投资股份有限公司供热公司
4	赤峰富龙热力有限责任公司
5	捷能热力电站有限公司
6	青岛顺安热电有限公司
7	包头市华融热力有限责任公司
8	新疆和融热力有限公司
9	泰安市泰山城区热力有限公司

续表

排名	企业名称
10	天津泰达津联热电有限公司
11	长春经济技术开发区供热集团有限公司
12	包头市热力（集团）有限责任公司
13	北京北燃热力有限公司
14	北京纵横三北热力科技有限公司
15	北京京能热力发展有限公司
16	烟台经济技术开发区热力有限公司
17	淄博市热力集团有限责任公司
18	新疆广汇热力有限公司
19	中环寰慧（焦作）节能热力有限公司
20	河北邢襄热力集团有限公司
21	新疆天富能源股份有限公司供热分公司

第 **5** 章

统计指标变化分析

5.1 企业稳步发展，管理效率提升

5.1.1 主要供热企业供热规模稳步扩大

协会对近 5 年连续参加统计工作的 49 家供热企业的供热面积进行了统计，2018 年，统计供热面积约 19.4 亿 m^2，至 2022 年增加到约 25.5 亿 m^2，增长率为约 31.4%，而全国城市集中供热面积由 2018 年约 87.8 亿 m^2 增长到 2022 年的 111.25 亿 m^2，增长率为 26.7%；49 家统计企业和全国城市集中供热面积年均增长率分别为 7.1% 和 6.1%，即 49 家参加统计的企业供热面积发展速度快于全国平均水平（图 5-1）。

5.1.2 企业管理效率大幅度提高

供热行业管理水平提升显著，统计企业人均供热面积由 2018 年的 4.29 万 m^2/人增加至 2022 年的 6.95 万 m^2/人，增长了 62%。

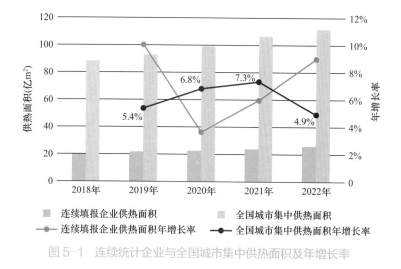

图 5-1 连续统计企业与全国城市集中供热面积及年增长率

根据连续 5 年参加协会统计工作的供热企业数据，49 家供热企业人均供热面积由 4.1 万 m²/ 人增长至 6.4 万 m²/ 人，增长率为 56.1%。分地区看，寒冷地区供热企业人均供热面积由 4.6 万 m²/ 人增长至 7.2 万 m²/ 人，增长率为 56.5%；严寒地区供热企业人均供热面积由 2.6 万 m²/ 人增长至 3.7 万 m²/人，增长率为 42.3%，寒冷地区增长幅度明显高于严寒地区（图 5-2）。

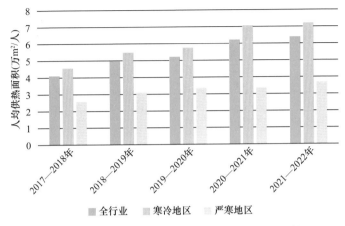

图5-2　参加统计的49家供热企业连续5年人均供热面积

5.2　行业上下游价格倒挂加剧

5.2.1　平均供暖成本大幅上涨

根据统计结果，2022年统计供热成本中，燃料（热力、燃煤、燃气等）成本和水电费占总供热成本的57.4%。近年来，受燃料成本上涨影响，全行业平均供暖成本由2019年的28.13元/m²上涨至2021年的31.66元/m²，上涨12.5%。其中：标准煤平均价格由2019年的768元/tce上涨到2021年的1351元/tce，上涨了583元/tce，上涨率为75.9%；天然气平均价格由2019年的2.97元/Nm³上涨到2021年的3.6元/Nm³，上涨率为21.2%；燃煤热电联产和燃气热电联产平均购热价格分别由2019年的33.9元/GJ、66.5元/GJ上涨到2022年的37.62元/GJ和76.13元/GJ，上涨率分别为

11.0% 和 14.5%；综合电价和自来水价基本持平，涨幅分别为 0.02 元和 0.07 元（表 5-1）。

2019—2021 年供热成本变化　　　　表 5-1

名称	单位	2019 年	2020 年	2021 年	三年变化量	三年变化率
燃煤热电联产	元 /GJ	33.90	33.76	37.62	3.72	11.0%
燃气热电联产	元 /GJ	66.50	56.65	76.13	9.63	14.5%
标准煤	元 /tce	768.00	825.00	1351.00	583.00	75.9%
综合电价	元 /kWh	0.67	0.68	0.69	0.02	3.0%
天然气	元 /Nm³	2.97	2.64	3.60	0.63	21.2%
自来水	元 /m³	5.45	5.80	5.52	0.07	1.3%
供热成本	元 /m²	28.13	28.58	31.66	3.53	12.5%

根据协会对连续 5 年参加统计工作的 49 家供热企业平均供暖成本的统计结果可知，寒冷地区平均供暖成本由 2018 年的 30.0 元 /m² 增加到 2022 年的 34.7 元 /m²，增加了 4.7 元 /m²；严寒地区由 2018 年的 26.0 元 /m² 增加到 2022 年的 28.8 元 /m²，增加了 2.8 元 /m²（图 5-3）。

5.2.2　多地平均供暖成本超过居民供热价格

平均供暖成本增加导致供热行业上下游价格倒挂现象加剧。2022 年全行业平均供暖成本与居民供热价格平均倒挂 8.72 元 /m²，倒挂严重地区为河南、山东和北京，价格倒挂分别为 17.01 元 /m²、16.41 元 /m² 和 14.15 元 /m²（图 5-4）。

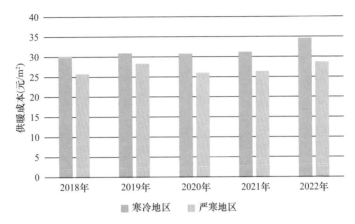

图 5-3　参加统计的 49 家供热企业连续 5 年平均供暖成本

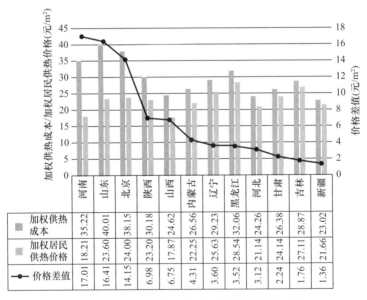

图 5-4　各地平均供暖成本与居民供热价格对比

供热价格体系没有理顺，补贴机制没有形成，供热企业经营亏损严重。根据协会 2022 年统计结果，寒冷地区和严寒地区供热企业净利润率平均值分别为 0.35% 和 −0.22%（上年为 2.87% 和 1.51%）。

5.2.3　各地供热补贴缺口普遍较大

2022 年有 96 家供热企业参加三税减免相关数据统计（寒冷地区 72 家，严寒地区 24 家），涉及居民收费面积 19.0 亿 m^2，共享受税收减免 19.8 亿元，单位供热面积税收减免金额为 1.04 元 /m^2（2021 年统计值为 1.05 元 /m^2）。同时，有 67 家供热企业享受供热补贴，补贴前、后净利润率为正的供热企业数量占比分别为 47% 和 60%。寒冷地区补贴前、后净利润率为正的供热企业数量占比分别为 46% 和 61%，严寒地区则分别为 50% 和 58%。享受补贴的 67 家供热企业合计供热面积 29.3 亿 m^2，补贴金额 66 亿元，单位供热面积补贴金额 2.25 元，寒冷地区和严寒地区单位供热面积补贴金额分别为 2.66 元和 0.65 元（表 5-2）。具体到各地区，北方 15 省（区、市）均有企业享受补贴，但是补贴力度不同，内蒙古、辽宁、吉林、黑龙江和甘肃等地供热企业即使获得补贴，仍不能扭转经营困难的困境，获得补贴后，企业利润率依旧为负。按北方城镇供热面积 162 亿 m^2 估算，若实现企业净利润率 3%，需再补贴约 145 亿元。

2022 年参加统计的供热企业享受补贴情况与净利润率情况

表 5-2

地区	企业数量（家）	补贴前净利润率为正的企业数量（家）	补贴前净利润率为负的企业数量（家）	补贴后净利润率为正的企业数量（家）	补贴后净利润率为负的企业数量（家）	享受补贴			
						企业数量（个）	供热面积（亿 m²）	补贴收入（亿元）	单位供热面积补贴金额（元）
寒冷地区	72	33	39	44	28	52	23.4	62.1	2.66
严寒地区	24	12	12	14	10	15	5.9	3.9	0.65
合计	96	45	51	58	38	67	29.3	66	—

5.3 能耗下降趋势略有波动

5.3.1 热源综合热单耗总体降幅趋缓

协会统计了 2019 以来供热企业全网综合热单耗。2021—2022 供暖期，热源单位面积耗热量由上个供暖期的 $0.367GJ/m^2$ 降低到 $0.359GJ/m^2$，降低了 2.2%，较 2018—2019 供暖期增加 $0.001GJ/m^2$。寒冷地区热源单位面积耗热量由 2020—2021 供暖期的 $0.333GJ/m^2$ 增加到 2021—2022 供暖期的 $0.336GJ/m^2$，增加了 0.9%，较 2018—2019 供暖期增加了 6.3%；严寒地区热源单位面积耗热量由 2020—2021 供暖期的 $0.434GJ/m^2$ 降低到 2021—2022 供暖期的 $0.409GJ/m^2$，降低了 5.7%，较 2018—2019 供暖期降低了 7.0%（表 5-3）。

近 4 个供暖期各省（区、市）全网热源综合热单耗

表 5-3

省（区、市）	供暖期				变化	
	2018—2019	2019—2020	2020—2021	2021—2022	近 2 个供暖期	近 4 个供暖期
北京	0.262	0.273	0.274	0.264	↓ 3.6%	↑ 0.8%
天津	0.331	0.340	0.350	0.328	↓ 6.3%	↓ 0.9%
河北	0.371	0.375	0.390	0.372	↓ 4.6%	↑ 0.3%
山西	0.267	0.367	0.361	0.365	↑ 1.1%	↑ 36.7%
河南	0.333	0.316	0.294	0.298	↑ 1.4%	↓ 10.5%
山东	0.348	0.347	0.320	0.361	↑ 12.8%	↑ 3.7%
陕西	0.331	0.343	0.317	0.314	↓ 0.9%	↓ 5.1%
寒冷地区加权平均	0.316	0.338	0.333	0.336	↑ 0.9%	↑ 6.3%
内蒙古	0.458	0.437	0.453	0.463	↑ 2.2%	↑ 1.1%
辽宁	0.378	0.366	0.371	0.320	↓ 13.7%	↓ 15.3%
吉林	0.416	0.408	0.394	0.403	↑ 2.3%	↓ 3.1%
甘肃	0.450	0.433	0.435	0.427	↓ 1.8%	↓ 5.1%
黑龙江	0.449	0.537	0.483	0.474	↓ 1.9%	↑ 5.6%
新疆	0.533	0.514	0.495	0.344	↓ 30.5%	↓ 35.5%
严寒地区加权平均	0.440	0.447	0.434	0.409	↓ 5.7%	↓ 7.0%
全国加权平均	0.358	0.376	0.367	0.359	↓ 2.2%	↑ 0.3%

注：全网热源综合单耗是统计供热范围内全部热源总耗热量除以其实际供热面积，热源耗热量含外购热量和自有热源产热量，数据统计后没有经过处理，直接采用。

若供热管网热损失按照 15% 估算，剔除热损失后可

第5章

计算得出各地供热建筑单位面积实际耗热量，将其值与 GB/T 51161 的约束值、引导值进行对比，结果如图 5-17 和图 5-18 所示。可见寒冷地区仅北京（2018—2019 供暖期、2019—2020 供暖期、2020—2021 供暖期和 2021—2022 供暖期）、山西（2018—2019 供暖期）单位面积耗热量低于 GB/T 51161 规定的当地约束值；严寒地区仅辽宁和吉林（2018—2019 供暖期、2019—2020 供暖期、2020—2021 供暖期和 2021—2022 供暖期）、黑龙江（2018—2019 供暖期）、新疆（2021—2022 供暖期）建筑单位面积耗热量低于当地约束值，2021—2022 供暖期辽宁和吉林热源单位耗热量接近当地引导值（表 5-4、图 5-5、图 5-6）。

近 4 个供暖期各地建筑单位面积耗热量与 GB/T 51161 对比

表 5-4

省（区、市）	GB/T 51161		供暖期			
	约束值	引导值	2018—2019	2019—2020	2020—2021	2021—2022
北京	0.26	0.19	0.223	0.232	0.233	0.224
天津	0.25	0.20	0.281	0.289	0.298	0.279
河北	0.23	0.15	0.315	0.319	0.332	0.316
山西	0.29	0.21	0.227	0.312	0.307	0.310
河南	0.2	0.12	0.283	0.269	0.250	0.253
山东	0.21	0.14	0.296	0.295	0.272	0.307
陕西	0.21	0.12	0.281	0.292	0.269	0.267
内蒙古	0.36	0.27	0.389	0.371	0.385	0.394

续表

省 （区、市）	GB/T 51161		供暖期			
	约束值	引导值	2018— 2019	2019— 2020	2020— 2021	2021— 2022
辽宁	0.33	0.27	0.321	0.311	0.315	0.272
吉林	0.37	0.34	0.354	0.347	0.335	0.343
甘肃	0.28	0.2	0.383	0.368	0.370	0.363
黑龙江	0.39	0.34	0.382	0.456	0.411	0.403
新疆	0.36	0.29	0.453	0.437	0.421	0.292

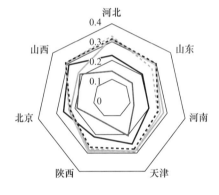

图 5-5　近 4 个供暖期寒冷地区部分省（区、市）单位面积耗热量

5.3.2　热源单位供热量燃料消耗量有所增加

根据协会统计数据，近年来全行业热源单位供热量燃料消耗量有所增加。2020 年全行业单位供热量燃煤消耗量平均值为 46.8kgce/GJ，2022 年增加至 47.7kgce/GJ，相应燃煤锅炉

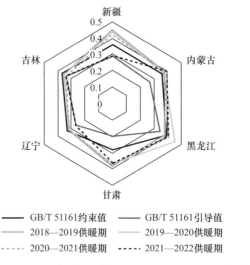

图 5-6　近 4 个供暖期严寒地区部分省份单位面积耗热量

效率由 73% 降低至 72%。连续 5 个供暖期都参加统计的供热企业热源单位供热量燃料消耗量下降明显，但依然高于全行业统计平均值。2018—2022 年，单位供热量燃煤消耗量平均值由 2017—2018 供暖期的 49.8kgce/GJ 先下降至 2020—2021 供暖期的 47.1kgce/GJ，达到最低，2021—2022 供暖期又增加至 47.9kgce/GJ，总体下降了 3.8%，满足 GB/T 50893 对该指标不大于 48.7kgce/GJ 的要求。该指标最大值和最小值持续下降，特别是最低值一直低于 GB/T 51161 的引导值（38kgce/GJ）。相应锅炉效率平均值由 2017—2018 供暖期的 69% 增加至 2020—2021 供暖期的 73%，2021—2022 供暖期又下降至 71%，锅炉效率最高可达 94%（图 5-7、图 5-8）。

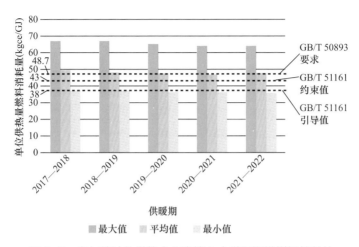

图 5-7　参加统计的供热企业连续 5 个供暖期燃煤锅炉单位
供热量燃煤消耗量

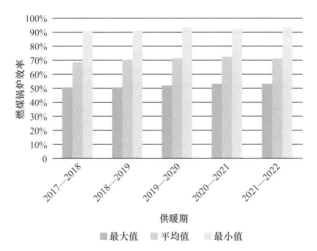

图 5-8　参加统计的供热企业连续 5 个供暖期燃煤锅炉效率

根据协会统计数据，全行业单位供热量燃气消耗量由

2019—2020 供暖期的 28.4Nm³/GJ 增加至 2021—2022 供暖期的 29.0Nm³/GJ，相应锅炉效率由 99.4% 降低至 97%。连续 5 个供暖期都参加统计的供热企业燃气锅炉单位供热量燃气消耗量平均值由 2017—2018 供暖期的 29.9Nm³/GJ 下降至 2020—2021 供暖期的 28.6Nm³/GJ，2021—2022 供暖期又增加至 28.9Nm³/GJ，总体下降 3.3%，低于全行业统计平均值，满足 GB/T 50893 对该指标不大于 31.2Nm³/GJ 和 GB/T 51161 约束值（32Nm³/GJ）的要求，且低于 GB/T 51161 的引导值（29Nm³/GJ）。燃气锅炉效率平均值由 2017—2018 供暖期的 94% 增加至 2021—2022 供暖期的 97%，效率最高可达 107%（图 5-9、图 5-10）。

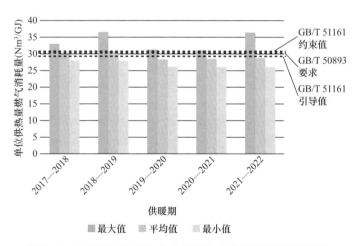

图 5-9　参加统计的供热企业连续 5 个供暖期燃气锅炉单位
供热量燃气消耗量

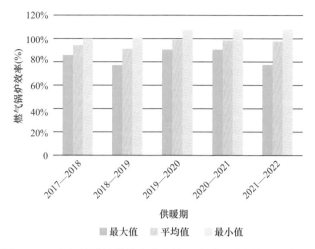

図 5-10　参加统计的供热企业连续 5 个供暖期燃气锅炉效率

5.3.3　一次管网单位面积补水量下降显著

全行业一次管网单位面积补水量下降明显，由 2019—2020 供暖期的 3.9kg/（m² · 月）下降至 2021—2022 供暖期的 3.2kg/（m² · 月），下降率达 19.2%，但仍未达到《供热工程项目规范》GB 55010（以下简称 GB 55010）提出的该指标不大于 3kg/（m² · 月）的强制要求。

连续参加统计的 49 家供热企业，该指标明显低于行业水平，由 2017—2018 供暖期的 2.7kg/(m² · 月) 先增加至 3.9kg/（m² · 月）又于 2021—2022 供暖期降低至 2.7kg/(m² · 月)，满足 GB 55010 对该指标的强制要求，但参加连续统计的供热企业，该指标最大值达 16.6kg/(m² · 月)，最低为 0.1kg/(m² · 月)。分地区看，黑龙江、山东、甘肃、辽宁和吉林的一次管网单位面

积补水量超过 3kg/（m² · 月），其他地区该指标均满足 GB 55010

提出的不大于 3kg/(m² · 月) 的强制要求（图 5-11、图 5-12）。

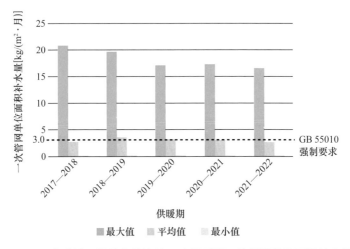

图 5-11　寒冷地区供热企业连续 5 个供暖期一次管网单位面积补水量

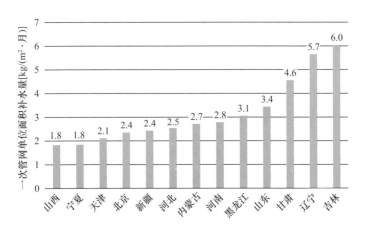

图 5-12　2022 年不同省（区、市）一次管网单位面积补水量统计结果

5.3.4 一次管网平均回水温度持续降低

全行业一次管网平均回水温度呈下降趋势。近 3 年全行业一次管网平均回水温度由 2019—2020 供暖期的 46.0℃下降至 2021—2022 供暖期的 43.9℃，下降了 2.1℃。连续参加该指标统计的供热企业数据显示，寒冷地区一次管网平均回水温度由 2018—2019 供暖期的 47.1℃下降至 2021—2022 供暖期的 44.8℃，下降了 2.3℃，严寒地区一次管网平均回水温度由 2018—2019 供暖期的 45.1℃下降至 2021—2022 供暖期的 44.2℃，下降了 0.9℃，即寒冷地区下降幅度大于严寒地区。总体来看，严寒地区一次管网平均回水温度低于寒冷地区（图 5-13、图 5-14）。

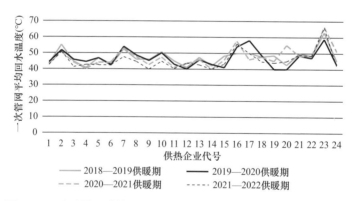

图 5-13 寒冷地区供热企业连续 4 个供暖期一次管网平均回水温度

5.3.5 热力站单位面积耗电量逐年降低

连续 5 个供暖期都参加统计的 49 家供热企业热力站每月单位面积耗电量平均值逐年降低，由 2017—2018 供暖期的

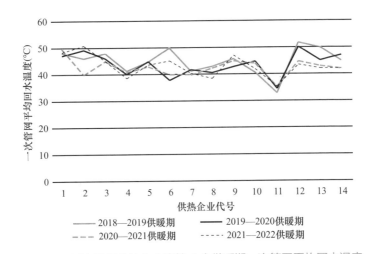

图 5-14　严寒地区供热企业连续 4 个供暖期一次管网平均回水温度

0.28kWh/（m²/ 月 ） 降 低 至 2021—2022 供 暖 期 的 0.23kWh/（m²·月），降低了 17.9%，达到了 GB/T 51161 的引导值。热力站每月单位面积耗电量最低仅为 0.04kWh/（m²·月）（图 5-15）。

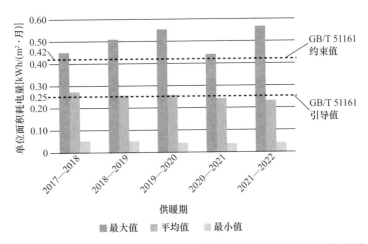

图 5-15　参加统计的供热企业连续 5 个供暖期热力站单位面积耗电量

5.3.6　热力站单位面积补水量下降显著

连续 5 个供暖期都参加统计的 49 家供热企业的热力站每月单位面积补水量平均值由 2017—2018 供暖期的 5.9kg/（m² · 月）下降至 2021—2022 供暖期的 4.3kg/（m² · 月）。热力站每月单位面积补水量最低仅为 0.8kg/（m² · 月），但最大值达 29.0kg/（m² · 月）（图 5-16）。

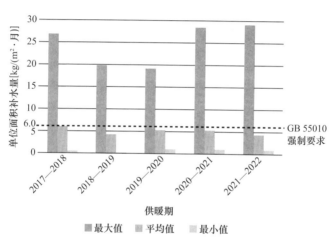

图 5-16　参加统计的供热企业连续 5 个供暖期热力站单位面积耗水量

近 3 个供暖期全行业热力站单位面积补水量平均值下降显著，由 2019—2020 供暖期的 8.3kg/（m² · 月）下降至 2021—2022 供暖期的 5.9kg/（m² · 月），下降 2.4kg/（m² · 月），下降率达 28.9%，满足 GB 55010 提出的二次管网每月单位面积补水量不应大于 6kg 的强制要求。分地区看，天津市二次管网单位面积补水量统计值最低，为 1.8kg/（m² · 月），除甘肃、黑龙江、宁夏、吉林、辽宁二次管网单位面积补水量超出 GB 55010 提出的强制要求外，所统计的其他地区该指标均满足 GB 55010 的要求（图 5-17）。

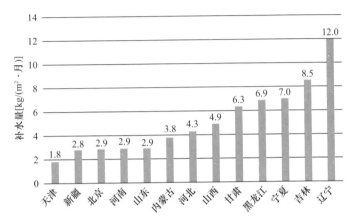

图 5-17　2022 年不同省（区、市）热力站单位面积补水量统计结果

5.4　全网综合能耗略有下降

北方供暖地区全网综合能耗包括全网综合热单耗、综合电耗和综合水耗三部分。全网综合热单耗由单位面积耗热量、热量综合折标准煤系数（即单位供热量燃料消耗量）共同决定。根据统计结果，2021—2022 供暖期热源单位面积耗热量为 0.359GJ/m²；而热量综合折标准煤系数由热电联产、调峰锅炉和区域锅炉三类热源共同确定，因此热量综合折标准煤系数由上述三类热源单位供热量标准煤消耗量与供热量加权确定，

其中热电联产单位供热量燃料消耗量分燃煤热电联产和燃气热电联产，由其供热量及其单位供热量燃料消耗量加权确定；同理，调峰锅炉、区域锅炉单位供热量燃料消耗量分燃煤锅炉和燃气锅炉，分别由其供热量与其单位供热量燃料消耗量加权确定，详见图 5-18。综上可计算北方供暖地区热量综合折标煤系数即热源单位供热量燃料消耗量为 31.79kgce/GJ。

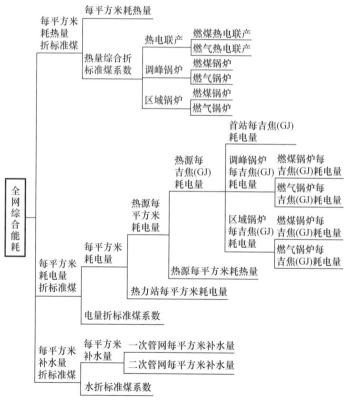

图 5-18　全网综合能耗计算思路示意图

　　全网综合电耗由单位面积耗电量、电量折标准煤系数共同决定。其中单位面积耗电量分热源耗电量和热力站耗电量两部分，热源耗电量包括热电联产耗电量和区域锅炉房耗电量两类，其中热电联产耗电量需确定首站耗电量和调峰锅炉房耗电量，调峰锅炉房及区域锅炉房主要由燃煤锅炉房和燃气锅炉房分别确定其耗电量。根据 2021—2022 供暖期统计结果，通过加权计算热电联产供热首站、调峰锅炉房、区域锅炉房单位供热量耗电量平均值分别为 3.80kWh/GJ、4.74kWh/GJ、4.73kWh/GJ，通过加权确定全网热源单位供热量耗电量为 4.04kWh/GJ。结合全网综合热单耗 0.359GJ/m²，确定北方供暖地区热源单位面积耗电量为 1.45kWh/m²。

　　根据 2021—2022 供暖期统计结果计算北方供暖地区热力站单位面积耗电量为 1.72kWh/m²，因此可得全网综合电耗为 3.17kWh/m²。

　　同理，分别确定北方供暖地区一次管网单位面积补水量和热力站单位面积补水量分别为 15.7kg/m² 和 25.4kg/m²，因此全网综合水耗为 41.1kg/m²。

　　根据全网综合热耗、综合电耗和综合水耗确定 2021—2022 供暖期北方供暖地区全网综合能耗为 12.39kgce/m²，较上个供暖期降低 0.01kgce/m²。计算全网综合能耗，确定热量折标准煤系数是关键，若直接采用热量法计算综合能耗，结果为 13.24kgce/m²，能耗增加 6.7%。全网综合能耗计算表见

表 5-5，综合能耗中热耗占 92%，电耗占 8%，供热系统节能，节热是关键。

全网综合能耗计算表　　　　表 5-5

能耗类型	能耗		折标准煤		标准煤
	能耗值	单位	系数	单位	（kgce/m²）
全网综合热单耗	0.359	GJ/m²	31.79	kgce/GJ	11.41
全网综合电耗	3.17	kWh/m²	0.31	kgce/kWh	0.98
全网综合水耗	41.1	kg/m²	0.0857	kgce/t	0.004
综合能耗	—	—	—	—	12.394

第6章

供热行业能效领跑优秀企业案例

6.1 提高管理水平促进节能增效的优秀案例

6.1.1 宝石花同方能源科技有限公司构建跨区域、多气候、多热源条件下的综合能耗指标管控体系

宝石花同方能源科技有限公司（以下简称宝石花同方）是在剥离国有企业办社会职能大背景下应运而生的混合所有制公司，是中国石油天然气集团有限公司"三供一业"分离移交改革路径上的重大创举，是国家全面深化国有企业改革的实践者和排头兵。宝石花同方于2018年12月27日在北京注册设立，自成立以来，在"三供一业"社会化改革业务承接供热面积4300万 m² 的基础上，业务规模不断扩展。截至目前，宝石花同方管理供热业务横跨东北、华北、西北9个省、自治区、直辖市，实际运营管理面积逾6000万 m²。公司年供热输送热量超3400万 GJ，年消耗电量约1.2亿 kWh，使用各类水资源280万 m³。

公司供热管理模式有其自身特点：

跨区域多气候的供热类型。宝石花同方现有9家分（子）公司，供热管理区域横跨3000km。按照0℃等温线即秦岭—淮河线划分，供热区域涉及寒冷、严寒等多种气候区域。全公司每个供暖期供热时长为4～6.5个月不等，按照地方政府规定正常供暖时长最短为121d，最长为198d。区域供热标准为：最低温度18℃、最高温度20℃。

多热源结构的供给方式。主要供热模式有外购热电厂热量加调峰锅炉模式、单独外购热量模式、燃气锅炉房直供模式、燃煤锅炉间供模式、高效真空锅炉直供模式、炼厂余热利用模式、中深层地热利用模式、空气源热泵加调峰锅炉并列运行模式等。

受供热模式限制，宝石花同方在运营管理上曾出现过数据无法互通、指挥调控模式不统一、对标分析无法纵向对比等困扰。为解决上述问题，一方面建立了跨区域、多气候、多热源条件下统一测算的综合能耗指标管控体系，各区域在原有指标管理的基础上，分析多区域、多维度、多气候条件下不同热源及对应的运行方式，经过统一测算、对比、排序，形成了不同于单区域单一能耗指标管控体系的综合能耗管理与评价模式；另一方面，打造了国内领先的智慧运营管理平台，在一次管网运行调节中采用了独有的全网平衡技术，将二次管网运行调节延伸到户。在燃煤（燃气）锅炉、板式换热器、水泵等设备运行中实施了大量的节能技术改造措施，在节约用水上积累了丰富的、行之有效的经验做法，在新能源、新技术领域对直供混水技术、空气源热泵技术、水汽能技术等开展了广泛的研究与应用实践。

与宝石花同方成立之初相比，目前综合能耗指标稳步下降，运行管控能力及服务水平显著提升，多次收到地区政府及广大用户的表扬信及锦旗，获得品牌与口碑的双丰收。在综合能源管理及节能降耗方面取得了一定的管理经验和管控成效，为推进"双碳"目标的实现做出了应有的努力。

1. 统一指标，建立完善的综合能耗指标管控体系

自 2018 年宝石花同方成立初期，即对原有各地区分（子）公司供暖能耗分析数据进行指标计算。指标计算是指标分析的基础，指标分析是指标管控的有效手段，指标的科学管控直接影响效益。经过多个自然年度和完整供暖期的运行，年度计划指标的形成以"历史数据作参考、国家标准找依据、结合实际做计划、运行气温作修正"为原则，建立了完整的年度计划指标模型。

生产指标的制定以大量积累的各项生产数据为依据，每项指标既有瞬时数据的积累，也有累计数据和统计数据的组合，完整地形成了宝石花同方自有的多区域、多气候类型、多自然环境、多现场条件、多人为因素等广泛条件下的计划指标管理体系。

能耗指标的过程管理是在计划指标确立后，实际能耗指标能否实现或优于目标值，取决于运行期的过程管控。调节的精准与否受运行人员的责任心、管理制度的执行力、运行参数制定的科学性、设备与系统的匹配性等多种因素的影响，涉及煤、气、水、电、热等多项指标数据。将指标横向分解到各分（子）公司、项目部、热力站，纵向分解到每月，甚至是每半月，做到了人人懂指标、人人讲指标，指标与绩效挂钩。指标的管控做到了日统计、周分析、半月一评比的模式，做到了以站点为最小核算单元的过程管控。

宝石花同方自 2022 年引入度日数指标能耗评价方法，实现了各地区内部不同供暖期的能耗管理评价（图 6-1）。同时，在同一供暖期，该方法可以用于不同地区公司之间去除温度等因素影响后的能耗消耗值的对比。度日数能耗指标能耗评价方法的引入，补充了以往综合能耗评价方法的不足，更加完善了综合能耗指标管控体系。

宝石花同方自成立以来，已自主完整运行了 4 个供暖期，从 2019—2020 供暖期开始完整地统计了每个运行周期的生产能耗数据。在 4 个完整的运行周期中，宝石花同方经历了最长供暖周期，全公司综合能耗实现了连续降低，实现了达标供热。宝石花同方节能降耗取得的成效也得到了行业的认可，荣登中国城镇供热协会 2022 年度中国供热行业能效领跑者榜单中"燃气锅炉"单位供热量燃气消耗量第二名的好成绩；荣获

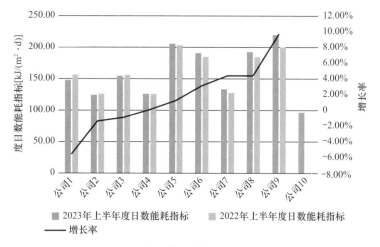

图 6-1 宝石花同方度日数能耗指标

2022—2023 供暖期中国城镇供热行业能效领跑者（企业供热面积 5000 万 m² 以上）第四名的好成绩。

宝石花同方 2018—2023 年 5 个供暖期单位面积耗热量对比图见图 6-2。

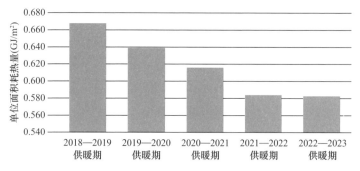

图 6-2 宝石花同方 5 个供暖期单位面积耗热量对比图

2. 统一管理，全力打造智慧运营管理平台

宝石花同方秉持着"走智慧供热发展道路"的理念，依托清华同方 30 年在供热行业的技术与经验，探索研发基于宝石花同方能源科技有限公司管理现状的智慧供热系统。以信息系统和物理系统深度融合为技术路线，将数字化、网络化和智能化等信息技术与先进供热技术深度融合，运用数字孪生、空间定位、云计算、信息安全等"互联网 +"技术，着力打造集指挥中心、数据中心、应急中心、展示中心、管理中心于一体的智慧供热体系，实现精细化调控、自动化运行、过程化管理、安全化保障、辅助化决策、智能化运营的管控目标，满足供热安全、稳定、科学、经济等需求。

同时，宝石花同方在原有各区域供热指挥中心的基础上，打造了一个统一的智慧运营管理平台（也称宝石花同方智慧供热平台）。打通跨省数据链路，实现了多地域的数据汇聚及远程控制；开展业务整合，实现了生产运营数据、室内温度监（检）测数据、客服报修数据、经营收费数据的有机融合。解决了原有分（子）公司地域气候不同、管理模式不统一、辖区各自为政及信息孤岛等问题，做到了"一屏揽九省、一臂驱千里、管控一体化"，也为能耗指标体系的建设和实现数据的统一分析对比奠定了基础。

智慧供热平台基本架构包括"源、网、站、楼、间、户"等各个环节，主要是以功能、技术、数据流和信息安全四大架

构作为基础支撑来搭建。通过模块化分类、分网、分项，对各采集数据进行总体规划布局，分别部署了热源数据、热力站数据、全网平衡、分时分控、报警设置、曲线对比、操作记录和后台管理八个板块，实现了热源数据监控、热力站数据监控、全网自动平衡、分时分控调节、数据报警管理等；实现了智慧供热驾驶舱应用、目视化多级数显定位对比、热网信息多层显示、分级分项能耗对比、室内温度实时监测与对比等功能。

上位系统的监控分析需要下位系统的支持，完善的计量和控制手段是开展精细化运行调节和能耗管理的基础。宝石花同方在建设智慧供热平台的同时，抓住"532"改造的有利时机，严格按照国内外行业高标准选型，配齐配好各类计量、调控设施，对温度、压力、流量、热量等运行参数实施全过程精确计量，完善站点调控手段，全面提升供热全系统感知能力。精心运维保证计量仪表准确、调控仪器稳定可靠。精确计量、精细调控已成为宝石花同方的节能降耗的重要手段，也为智慧供热平台的应用提供基础保障。

智慧供热平台较好地实现了供热的优化调控，解决了二次管网及热用户调控和监控的管理难题；通过数据监控平台的全网平衡控制功能达到了按需供热、精准供热；智慧供热平台实现了数据监控、远程调控、安防监控、报警提示等连锁保护功能，提升了热网、热力站安全性、稳定性和持续性。

智慧供热平台系统的建设，为宝石花同方的全方位能源管控提供了强大的科技支持，使远在新疆、甘肃、东北地区等多区域的供热生产过程可实时在平台上进行管理与调节，得到了行业的广泛关注。2023 年 11 月 4 日，新华社刊发了题为《千里之外　保障温暖：智慧供热是如何做到的》的专题报道。报道从民生视角切入，介绍了宝石花同方的智慧供热平台。

3. 分类施策，科学开展节能降耗工作

指标体系的建立只是能耗分析、控制的一种手段，便于发现问题和解决问题，节能降耗的核心还需在运行调控上下功夫。

（1）热量控制

1）加强热源调控管理。宝石花同方现有热源 40 余处，包括热电联供购买热量、燃气锅炉、燃煤锅炉、空气源热泵等热源形式。以燃气锅炉及燃煤锅炉为例，锅炉的节能是一种综合性节能，按照锅炉的分类，通过分析具体锅炉的优点、判断锅炉热平衡来确定锅炉节能措施；通过利用供热曲线，找准服务质量和节能降耗的平衡点；做好锅炉水质管理，清洁和维护锅炉受热面，调节优化锅炉运行，减少能源浪费，定期开展锅炉能效检测等措施来提高锅炉热效率；选择与锅炉匹配的燃烧器，实时监测运行时的燃烧状态参数，通过做好燃烧系统的维护保养等工作来减少不完全燃烧热损失；在运行中监测好锅炉排烟温度，避免锅炉超负荷运行，并通过烟气余热回收利用来降低排烟热损失。

2）加强热网调控管理。在运行调控上，宝石花同方摒弃了按照回水温度调节的传统运行模式，坚持以热指标的计算为核心，结合热网环境，兼顾使用热量自动调节、流量自动模式、二次管网均温调节等综合调节方式，匹配不同形式的供热管网系统，全面应用全网平衡调节系统，统一调控、统一指挥，使得运行过程中工作效率大幅度提升，调节精度有所提高，大幅度降低人员劳动强度。

在具体的运行调控过程中重点做好以下六个方面：一是结合理论计算和往年运行数据制定供热运行参数对照表，通过智慧供热系统自学习、自感知、自优化，自主下达计划热负荷，调整系统工况；二是从热源上进行总负荷的质调节和分阶段量调节，落实分时（初、末期，严寒期和一天中的昼夜）分区（工业区、居民区）的精细化负荷调控；三是应用无线测温系统，实时掌握供热质量情况，及时开展二次管网平衡调节，以实现二次管网水力均衡；四是做好管网保温以降低热损失；五是对低温用户进行专项治理，避免为改善个别用户室内温度而提高整体换热站的供热量；六是在站内高点和最不利用户家中安装自动排气阀以减少气阻。

宝石花同方热力站热网温度监控图见图 6-3。

（2）电量控制

1）换热站优化与控制。热力站上游连接热源和一次管网，下游连接二次管网和具体用户，是供热系统运行的焦点、基础

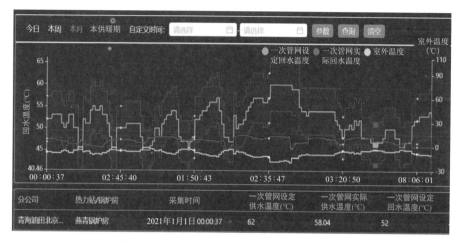

图 6-3　宝石花同方热力站热网温度监控图

和核心之一。宝石花同方目前实际运行热力站 380 余座，经过多年实际运行对比，热力站小型化对电量的降低有一定的好处。宝石花同方通过节能改造等途径，对原有热力站进行逐步的小型化改造，结合实际热源设计情况、供热覆盖区域、建设场地、管网建设成本、站点建设成本、运行维护成本、用户供热质量等分析确定，逐步完善配置与优化热力站系统，为能耗管理打下坚实基础（图 6-4）。

同时，全面完善热力站二次管网图纸，做到了一站一图、一环路一水力计算，在环路优化调整的基础上，重点对水泵进行优化改造。陆续开展了大泵换小泵、止回阀摘除、循环泵变频调控等相关工作，研讨水泵分时段调控等控制模式，在电耗的管理方面取得了良好效果。

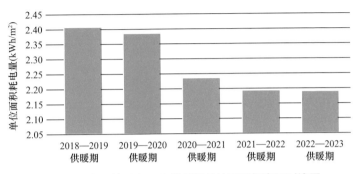

图 6-4 宝石花同方 5 个供暖期单位面积耗电量对比图

2）换热站运行管理。进一步缩小核算单元，积极探索以热力站为基本能耗成本核算单元。开展标杆热力站评比与考核活动，通过热力站成本实时反馈，有效促进了成本形成过程中管理水平的提升。

（3）失水治理

与行业内大多数供热企业一样，在失水治理方面，宝石花同方总结出"三快六法五治"。

失水治理节奏"三快"，即"快发现、快定位、快处置"，加快失水治理的速度和提高治理质量，"三快"是宝石花同方"以水为令、水失人动"行动指令的具体表现；失水治理技能"六法"，既讲方式方法，又讲技术创新，在不断的实践中，归纳总结了"看、观、闻、听、测、试"查漏六法，应用六法循序渐进查找漏点，并且在传统方式的基础上进行技术提升；失水综合"五治"，是指"人治、管理治、冬病夏治、宣传治、法治"，失水治理不能只盯住运行期的指标，治已病重要，治未病更重要，围绕失水治理的各项因素开展工作。通过总结方法，公司的水耗管理能力有了质的飞跃（图6-5）。

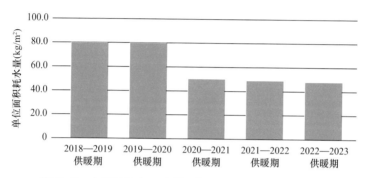

图6-5　宝石花同方5个供暖期单位面积耗水量对比图

综上所述，宝石花同方在节能降耗上取得了巨大的成绩，公司成立前后热耗指标降幅为12.7%，电耗指标降幅为9.0%，水耗指标降幅为39.8%（图6-6）。

宝石花同方自成立以来，在供热领域不断探索，从平台建设、指标管理、硬件基础设施更新改造与提升及单项业务管理方面，解决实际运行和供热行业中的普遍性问题；在点多、面广、业务跨度覆盖不同供热区域的现实条件下，认真打磨自身业务，不断拓展外部市场，在整体行业近几年面临高热价、高煤价、高气价的不利条件下，不忘"三供一业"改革初心，牢记"源自中国石油、服务千家万户"的企业宗旨，顺应国家能源发展战略方向，在保障服务的基础上，千方百计寻求能耗管控新方法、新策略，积极探索"绿色、低碳、可持续"的发展

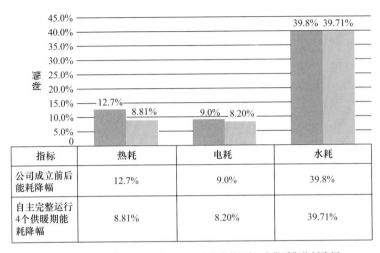

指标	热耗	电耗	水耗
公司成立前后能耗降幅	12.7%	9.0%	39.8%
自主完整运行4个供暖期能耗降幅	8.81%	8.20%	39.71%

■ 公司成立前后能耗降幅　　■ 自主完整运行4个供暖期能耗降幅

图6-6　宝石花同方运营过程中热、电、水耗降幅

路径。在未来的岁月里，宝石花同方将以更大的热情与激情，奋力创建一流的科技型综合能源服务企业，矢志书写能源事业高质量发展新篇章。

6.1.2　乌鲁木齐热力（集团）有限公司大力推进"查隐患、保安全、降能耗"促进企业节能降耗跃新阶

乌鲁木齐热力（集团）有限公司（以下简称乌鲁木齐热力）供热面积近9100万平方米，自2020年推进"查隐患、保安全、降能耗"工作以来，在民生保障和能耗管控方面取得了显著的成效，在做好民生保障工作的前提下，通过持续提升系统保障能力水平，优化设备设施能效水平以及紧抓节能管理工作，能耗管控工作取得显著成效，实现了三耗（热耗、电耗、

水耗）齐降。

1. 做好"冬病夏治"工作，夯实供热保障基石

为做好供热保障工作，乌鲁木齐热力积极落实市委、市政府相关工作要求，于停止供暖后积极开展夏季检维修、技改大修等工作，突破性地提出了检维修工作"三个不放过"和"六个百分百"的工作要求。"三个不放过"主要针对一次管网及设备，要求做到"不放过一米管线、不放过一座井室、不放过一台设备"；"六个百分百"主要针对以往检维修工作相对薄弱的庭院管网，要求做到"井室管沟百分百、单元阀百分百、用户进户阀百分百、用户除污器百分百、楼道间排气阀百分百、用户通断阀锁闭阀百分百"。各单位通过全面摸排供热系统现状，制定了详细的设备台账和检维修工作计划，认真、全面梳理检修、维修工作内容，确保不留死角，生产运营部每周实时跟进检修、维修工作的进度，采取随机抽检和集中考核评价等方式做好监管工作，确保检维修工作扎实推进、有效落实。另外，乌鲁木齐热力每年投入数千万元，对一批落后产能、保障能力不足等重点设备（锅炉、水泵、板式换热器、管网、阀门、热计量表等）进行大修和提升改造，持续提升供热系统的保障能力和能效水平，在做好民生保障的同时，持续科学推进节能降耗工作。乌鲁木齐热力通过不断增加人力和资金投入，同时持续加大生产管理力度等措施，最大努力做好"冬病夏治"工作，为供暖期的供热运行打好基础。

2. 协同做好供热保障和服务工作

按照《乌鲁木齐市城市热力管理条例》在供热期内，居民室内温度应当不低于20℃的规定，比其他省市高2℃对处于严寒区域的供热企业来说，面临着更大的调整和更艰巨的任务。随着乌鲁木齐热力单位面积能源消耗量的逐年下降，节能降耗的难度逐渐增加。作为民生保障单位，乌鲁木齐热力所有的工作都是在做好基础民生保障的前提下开展。

目前，行业普遍存在居民供暖质量需求逐年升高，企业节能降耗工作开展阻力重重等问题，为切实协同做好节能降耗和服务保障工作，乌鲁木齐热力生产运营部和用户服务部建立了实时联动机制，一方面生产运营部通过及时跟进天气情况，做好日常供热参数保障，尤其是降温前的负荷调整工作，确保供热工作更趋于科学、合理；另一方面会同用户服务部实时跟进供热服务情况，通过研判分析电话量、12345单据、舆情等信息，及时做好参数调整，保障用户服务工作有序开展。

3. 紧盯"强身健体"、智慧供热工作要求，以设备促节能

一是坚持问题导向，本着精确定位、精准实施的原则，重点推进提高热源保障能力、环保设施升级改造、自控系统升级改造、一二次管网和庭院管网隐患整治、重要节点阀门功能完善、局部不利管线升级改造、分户改造等工作，持续完善供热系统的能效水平和保障能力。二是推进热力站高耗能设备更新改造。针对高耗能水泵和老旧换热器运行电耗高、管网输配效

率较低的现状，组织技术力量对热力站进行整体设备摸排与能效测试，制定了各项目的技术要求与考核方案，稳步推进企业"强身健体"工作。三是全力推进智慧供热建设工作，通过组织行业内知名企业开展智慧供热信息化调研工作，不断完善建设方案，目前项目正在高速建设中。四是针对现有供热系统的复杂性和不确定因素，正积极与行业管理部门、设计院对接，提前制定应对方案，针对性地完善和提升供热系统保障能力。

4. 持续提升生产管理水平

一是查找不足、挖掘潜力。充分做好内部对比分析，乌鲁木齐热力拥有 7 家供热运行子公司，供热区域分布较广，相互独立的热网较多，供热区域相对复杂，通过在各单位之间、各供热区域之间进行能耗的对比和研判，同时积极与先进单位及国内同行业进行对标，查找差距和不足，及时整改。二是权责一体、分级管理，兼顾过程管理与结果管理。将热源、热网、站点等所有运营管理工作一体化，将权利义务责任界定清楚；根据精细化管理需要，分为一级监管把控、二级具体执行实施的管理方式，确保工作落到实处。三是在供热中实时把握能耗变化，结合天气变化情况、投诉情况、能耗情况、运行的安全性等，进行日、周、月、年不间断评价和研判，寻找供热过程中存在的问题，逐一整改完善，做到科学合理供热。四是完善内部激励机制，调动全员节能积极性。通过制定能耗定额指标、成本管理指标等，督促各运行单位做好节能降耗工作，充分调动全体职工的主观能动性。五是牵头组织各单位加强日常管理工作，完善管理制度和考核办法，从制度体系上推进生产工作，一步一个脚印持续推进。

5. 持续加强供热运行日常管理

一是针对管网失水量偏大的情况，通过现场检查、情况研判、故障界定、工作提醒、兑现奖惩等一系列措施，引导各单位做好水耗管理工作。二是加强了热网平衡调节工作，通过完善信息交互和监管，对回水温度异常、设温不合理的区域设置了工作提醒和日常考核，确保供热工作规范有序开展。三是充分利用供热服务联动机制，及时根据服务反馈进行供热调整，下发工作要求并监督执行。四是实行调度工作周例会，每周对生产运行周报及近期生产工作进行宣贯和提醒，第一时间将相关的相关政策和方针充分宣贯和传达，扫清信息盲区，高效推进工作开展。五是持续推进"一站一策"运行方案制定和考核指标责任到人，进一步细化管理方式，理清工作思路，将重要的参数简单化、清晰化，做好指标量化和"上墙"工作，确保一线职工日常运行管理有的放矢。

相较于"查隐患、保安全、降能耗"实施前，乌鲁木齐热力的单位面积耗热量下降了约 7.5%，单位面积耗水量下降了约 60%（2022-2023 供暖期检维修工作未能正常开展），单位面积耗电量下降了 10% 以上（图 6-7～图 6-9）。目前乌鲁木齐热力的水耗管控工作已经达到了行业领先水平，热耗和电耗正在稳步下降，每年可减少数千万元的生产成本，有力地推动了企业的良性可持续发展。

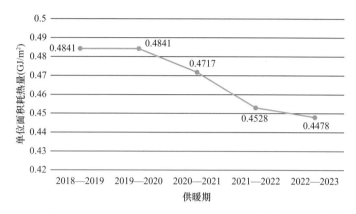

图 6-7 乌鲁木齐热力单位面积耗热量（室外条件 -2.962℃）变化图

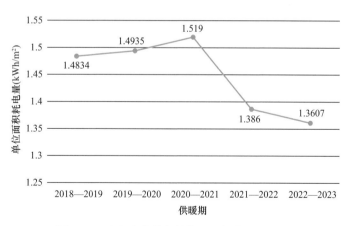

图 6-8 乌鲁木齐热力单位面积耗电量变化图

第 6 章

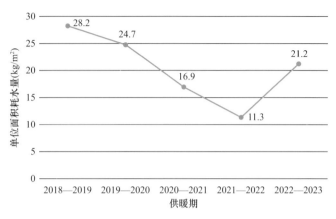

图 6-9　乌鲁木齐热力单位面积耗水量变化图

6.1.3　安阳益和热力集团有限公司扎实推进能效提升的管理经验

安阳益和热力集团有限公司（以下简称益和热力）是一家集供热托管运营、供热咨询设计、供热工程建设、供热材料生产供应、供热自动化运行、供热系统外销、供热专业维修服务、供热节能降耗和新能源开发利用于一体，具备全产业链集团化运作模式的国有企业。20 多年来，益和热力始终紧紧围绕"促发展、控质量、稳运行、优服务"四个方面，扎实稳步推进能效提升，全力以赴实现公司高质量发展。截至 2022 年底，益和热力供热入网面积突破 5461 万 m^2，热用户超过 43 万户，市政管网总长度 640 余公里，管理热力站 988 座，全市建成区及周边永久性建筑用热基本实现 100% 全覆盖。

1. 促发展——以"沟通"为纽带，全身心做好新用户发展工作

大力加强新用户发展和管网建设工作，积极主动与潜在热用户接洽沟通，继续保持安阳市中心城区集中供热全覆盖，满足城市发展和人民群众用热需求。供热入网面积持续增长（表 6-1），供热规模不断扩大，形成规模效应的供热格局。

益和热力 2018—2022 年供热入网面积　　表 6-1

序号	年份	入网面积（万 m²）
1	2018 年	4243.48
2	2019 年	4599.50
3	2020 年	4826.94
4	2021 年	5045.64
5	2022 年	5461.22

2. 控质量——以"高质量"为准绳，全力以赴进行管网建设、老旧管网改造和年度检修工作

（1）科学把控施工质量，确保供热管网建设按期进行

益和热力始终把管网质量作为保障供热安全稳定的基础。在管网建设过程中，通过制定合理的设计方案，选择先进可靠的施工技术，采购过硬的施工材料，建立健全施工质量管理体系，有力确保管网建设质量和进度。

（2）老旧管网改造有序推进

随着管网使用年限的增长，老旧管网冬季抢修频繁，跑冒

滴漏等问题日益突出，管网损耗逐年增大，严重影响冬季供热的安全稳定运行。为此，益和热力制定了老旧管网改造计划，积极开展对供热管网的评估追溯工作，建立以管网事故为中心的管网更新标准，克服重重困难，多方协调，分阶段稳步推进安阳市"十四五"期间老旧管网更新改造工作，按时按量完成市政管网和庭院管网改造任务。

（3）保质保量开展"冬病夏治"年度检修等工作

结合供暖期设备运行中发现的缺陷和隐患，制定专业全面合理的检修、维护、保养工作方案，清洗板式换热器、更换阀门、加装流量计、合理进行冷态平衡初调整，并且成立检修验收专项小组，确保"冬病夏治"预期效果，切实延长供热设备使用年限。

3. 稳运行——以"按需供热"为标准，科学高效合理做好供暖期运行工作

供热的基本任务就是通过科学有效的方式，安全、经济地向热用户提供符合参数要求的热量。在环境温度升高或降低时，相应调整热力站热量供给，不同的环境温度对应不同的供温模式。结合不同小区围护结构类型对小区进行等级初步分类，在室内温度达到要求的前提下根据不同天气情况记录并分析供水、回水温度及供给热量的关系，经过计算得出不同环境温度下不同类别的热力站所需热量值，并根据初寒期、严寒期、末寒期的不同对曲线进行调整，推导优化出适合特定小区特有的数据

化供热指导方案指导供热运行。以表格、曲线图、饼状图等方式生成系统运行情况分析图，可根据结果对于供暖状态进行分析，查看应供和实供之间的关系，并进行各站、各区域及整体管网平衡调整。图 6-10 为某时刻电调阀开关度比例图。

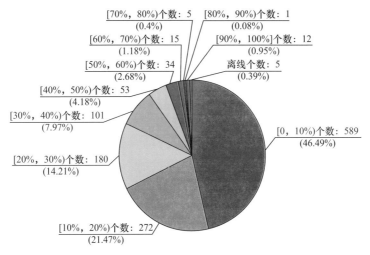

图 6-10　某时刻电调阀开关度比例图

　　通过数据监控及视频监控相结合，将热力站运行情况实时反馈调度中心，实现热力站运行全方位的掌控。对小区内所有智能平衡阀状态进行统计，根据统计结果自动调整循环泵频率，控制二次管网压力，在保证二次管网运行安全的情况下达到了节能降耗的目的。利用红外成像仪对建筑物进行非接触式测温，为热用户维修增加一双"眼睛"。通过 GIS（地理信息系统），完成城市热力管网图的建立，详细记录热网分布、补偿器、固定墩等位置，管网巡线及操作人员根据现场勘察及操作，使用手持设备实时上传管网健康状态及阀门操作作业，如有管网发生故障，系统会改变相应节点的显示颜色，对故障进行报警。使用专业的测漏工具，成立专业的测漏和抢修队伍，确保抢修在最短时间内完成，最大化减少事故造成的失水。

（1）实行多热源联合运行，提高供热的经济可靠性

2021—2022供暖期安阳市热力管网使用供热热源共计4处，供热方式为四热源联合运行，集中供热热源分别为丰鹤电厂长输热源（1510MW）、大唐电厂热源（1200MW）、安钢余热热源（100MW）以及天然气供热锅炉（6×70MW），丰鹤电厂长输热源为主热源，大唐电厂热源和安钢余热热源为补充热源，天然气供热锅炉为应急调峰热源。多热源联合运行使各热源在最佳效益下工作，充分发挥了集中供热的优势。

（2）自主研发智慧供热系统、建设信息化大数据平台

益和热力打造"一个平台，两个中心"的智慧供热系统，即搭建统一的信息管控平台，建设生产和运营两个业务系统群集中心，智慧供热调度节能监控平台主要由供热调度中心、热力站自动控制系统（图6-11）、入户端自动控制系统等组成。该智慧供热调度节能监控平台是通过安装在热力站和热用户的信息传感器将供回水温度、压力、瞬时流量、瞬时热量、各热用户室内温度等参数通过网络传输到上位机监控平台，数据中心对数据进行分析处理，下发控制命令，各热用户控制装置自

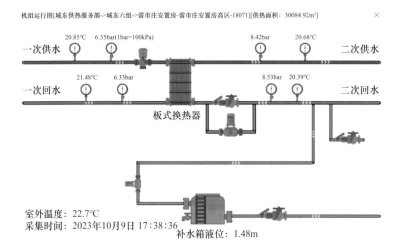

机组运行图[城东供热服务部->城东六组->雷市庄安置房-雷市庄安置房高区-18071][供热面积：30084.92m²]

图 6-11　热力站自动控制系统机组运行图

动执行控制目标的智能供热系统。

供热调度中心是智慧供热调度节能监控平台（图6-12）的核心，系统采集的各类供热信息参数均通过无线或有线的传输方式传输至数据中心，通过聚类分析，对各类数据进行分类统计，实时监控管网运行状态的同时自动调控管网的运行参数。热力站自动控制系统可实现多种优化控制模式，报警保护零延时，断电自动保护、上电自检安全自动启动运行，可以实现自动上水、自动泄压、水浸自动报警等安全运行功能，确保无人管理的运行安全。入户端自动控制系统是由热计量表、室内温度调节装置和数据远程传输系统组成。室内温度调节装置由电动调节阀、室内温度采集器、温度控制面板等组成，可设定用户供暖时段的室内温度上、下限值，在正常供暖时段用户

图 6-12　智慧供热调度节能监控平台

可自主设定期望的室内温度，只要期望值不超过系统设定的室内温度上下限即可。通过入户端自动控制装置可实现各热用户室内温度自主控制。

在客户服务方面，借助系统平台实现人工坐席与一线维修人员联动，支持电话热线、小程序等多种渠道接入，为用户提供丰富便捷的供热服务；在企业管理方面，实现了人、财、物全过程高效管理，从目标决策、制定计划、执行监控到绩效考核都有科学的决策依据，促使公司资源深度融合，全面消除系统之间的信息壁垒，实现业务的互联互通。

（3）积极开展供暖期专项考核，推动供热成本稳中有降

编制《供暖期优质服务与经济运行专项考核实施方案》，建立考核指标体系，包括室内温度合格率、用户投诉率、投诉降低率、处理及时率、处理满意率 5 个社会效益指标和热耗降低率、单位耗电量、单位耗水量 3 个经济效益指标，每半月分别对部门、班组、员工进行一次考核。5 年来，益和热

力通过实施"优质服务与经济运行专项考核",社会效益及经济效益等方面各项指标大幅提升。室内温度合格率由 92.89% 提升至 98.98%,用户投诉率由 19.51% 下降至 9.91%,报修率由 9.91% 降至 2%,处理及时率由 93.21% 提升到 100%,用户满意率由 87.87% 提升至 99.67%。水电热等主要供热成本累计降低 3 亿元,热力站单位面积耗热量由 33.95W/m² 降低至 25.66W/m²,单位面积耗电量由 107.5kWh/(万 m²·d)降低至 60.22kWh/(万 m²·d),单位面积耗水量由 1.3t/(万 m²·d)降低至 0.64t/(万 m²·d);热源侧单位面积耗热量由 35.05W/m² 降低至 27.05W/m²,市政管网漏损率由 6.39% 下降至 4.88%。

(4)执行"日调度-服务分析研判"机制

益和热力长期坚持供暖期生产经营分析制度,分析周期由年、季、月精细到日,同时不断延伸经营分析内容,涵盖运行调度、耗热量预估、生产运行、客服投诉、经营分析等重要事项,各供热服务部实现每日生产经营分析,加强调度与各供热服务部之间的指标联动,实现成本和投诉的每日控制与处置,自动生成日、周、月和供暖期运行报表,报表中呈现管网运行情况、热力站分站运行情况和供热预测等数据信息,指导未来供热运行,实现水、电、热指标科学分析、精准调度。

4. 优服务——以"优质服务"为核心,优化各项服务方式和措施

一是畅通用户沟通渠道。加大供热专员进业主群、供热明

白卡、温馨提示、服务机构和人员联系方式推广等工作的力度，拉近供热服务距离。二是规范服务行为。开展培训教育，工作服、工作证穿戴规范等。三是持续改善营商环境。主动走访对接用户，简化业务办理流程，提升服务效率，继续坚持零散用户发展三日办结承诺。四是加强网络舆情监控。实时关注传播范围较广、影响力较大的网站、新媒体、市长热线、市长信箱、上级单位督办件等。五是执行三级处理制度。重点关注重访用户、突出问题小区、"疑难杂症"等，建立一户一案台账，严格执行专员、班长、主任三级处理制度，及时跟踪处理效果。

益和热力深刻认识和准确把握能源发展形势，以"碳达峰、碳中和"目标为指导，深入倡导以人民为中心的发展理念，以保障民生、服务社会为主线，重点做好发展建设和生产运行全过程管理，立足新发展阶段，提升绿色低碳供热质量，不断提升群众幸福指数，满足人民对美好生活的向往，全力做好集中供热全产业链条发展和经营管理，保证国有资本保值增值，实现企业健康可持续、高质量发展。

6.1.4　北京纵横三北热力科技有限公司科技赋能供热精细化管理

北京纵横三北热力科技有限公司（以下简称纵横三北热力）成立于 2005 年，是北京一家横跨供热、制冷领域的综合性大型运营企业，业务模式涵盖能源托管、BOT 投资、智慧化平台搭建、节能改造、设备运维、技术咨询等多个方面。

纵横三北热力近年来在企业内部稳步推进供热系统信息化的改造工作，利用物联网、大数据等信息与通信技术，赋能供热运行管理，实现在管项目"源、网、站、户"的全面信息化管理。同时，在信息化建设的基础上，进一步深化管理要求，精细服务标准，逐步将供热服务深入到每一个热用户。

1. 科技赋能，按需调节

（1）实现热源信息可视化与自动化

通过对热源侧信息化升级改造，完成了对在运锅炉的全面数据对接，实现了锅炉运行状态数据的实时通信；使得运行人员、技术人员能够通过管理平台对在运设备参数进行监控与调节。同时依托项目气候补偿技术和时间修正等功能，实现热源侧的自动化"质"调节管理。整体达成双向调节保证。三级运行监管的模式，既提升了调节的及时性，又保证了调节的稳定性与安全性。供热系统图如图 6-13 所示。

（2）实现热力站可视化、自动化

纵横三北热力对在管热力站类项目也进行了信息化升级改造。在结合远程监控技术，打造无人值守换热站的同时，采集水泵、换热器、阀门等设备的数据，依照项目实际用热需求，实现站内"质""量"远程调节管理。在"质""量"双控调节的基础上，依据气温变化下的不同用户服务需求，精准化输送所需热量。供热驾驶舱如图 6-14 所示。

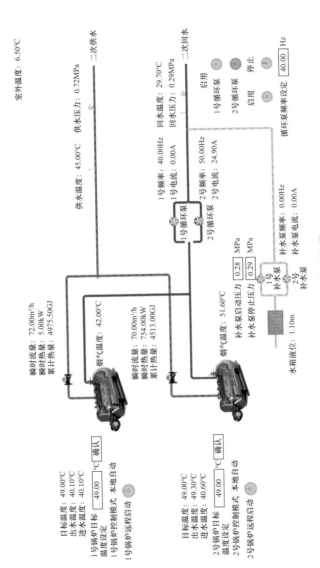

室外温度：6.50°C

二次供水

供水温度：45.00°C　供水压力：0.72MPa

二次回水

回水温度：29.70°C　回水压力：0.29MPa

1号循环泵　启用

2号循环泵　停止

循环泵频率设定　40.00　Hz

1号频率：40.00Hz
1号电流：0.00A
2号频率：50.00Hz
2号电流：24.90A

1号循环泵

2号循环泵

补水泵启动压力　0.28　MPa
补水泵停止压力　0.29　MPa

补水泵频率：0.00Hz
补水泵电流：0.00A

1号补水泵
2号补水泵

水箱液位：1.10m

烟气温度：42.00°C

瞬时流量：72.00m³/h
瞬时热量：5.00kW
累计热量：4975.50GJ

瞬时流量：70.00m³/h
瞬时热量：754.00kW
累计热量：4513.00GJ

烟气温度：51.60°C

目标温度：49.00°C
出水温度：40.10°C
进水温度：40.10°C
1号锅炉目标温度设定　49.00　°C　确认
1号锅炉控制模式　本地自动
1号锅炉远程启动

目标温度：49.00°C
出水温度：49.30°C
进水温度：40.60°C
2号锅炉目标温度设定　49.00　°C　确认
2号锅炉控制模式　本地自动
2号锅炉远程启动

图6-13　供热系统图

图 6-14　供热驾驶舱

（3）实现热用户温度可视化

为让热源、热网、热力站的调节能够不断精细、合理，让热用户的用热舒适度不断提升，纵横三北热力近年来对所辖管理范围内的热用户共安装了 3000 多个室内温度采集器，分布于各项目的重点位置，为供热系统自动化调节提供最直接的目标结果（图 6-15）。同时，依托平台数据计算能力，引入热量平衡的概念，尝试建立热量平衡标准，来验证水力平衡调试结果。

编号	所属项目	楼栋	温度（℃）	数据时间
1	核桃园北里		22.8	09:15:54
2	核桃园北里		22.8	09:15:54
3	晨光家园		22.6	09:08:44
4	晨光家园		19.5	09:13:51

图 6-15　室内温度监测画面

（4）在线能源分析，精准制定计划

能源管理是供热企业日常管理中的重中之重，而准确的计划制定与及时的分析纠偏，是控制能源消耗的有效方法。目前纵横三北热力依托供热管理平台实施"日计划、日统计、日分析、日修订"的管理模式，应用平台大数据计算能力，开发了基于历史能耗、室内温度、用热特性的能耗预测系统，下发预测能耗指导运行调控，结合在线能耗分析系统，快速分析能源差异与差异原因，及时做出控制调节（图6-16）。

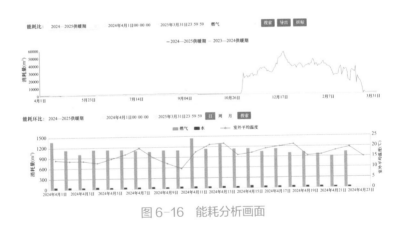

图6-16　能耗分析画面

（5）建立预警系统

数据预警功能可更好地辅助运行管理人员对供热系统进行实时监管。纵横三北热力要求运行管理人员对系统温度、压力、补水量、室内温度等重要数据进行预警值设置，数据超出预警值运行人员即可收到预警信息提示（图6-17）。预警系统

工艺名称	预警状态	预警数据点	数值	预警内容	报警开始时间	解除人	解除时间	操作
	预警中	室内温度(℃)	22.7	移位报警!	2023-11-10 13:13:44			查看 解除
	预警中	室内温度(℃)	25.5	移位报警!	2023-11-10 13:10:49			查看 解除
	预警中	室内温度(℃)	20	移位报警!	2023-11-10 08:52:43			查看 解除
	预警中	室内温度(℃)	25.8	移位报警!	2023-11-09 16:54:50			查看 解除
	预警中	室内温度(℃)	25.3	移位报警!	2023-11-09 09:16:26			查看 解除
	预警中	室内温度(℃)	24.5	移位报警!	2023-11-08 04:56:37			查看 解除
	预警中	室内温度(℃)	22.3	移位报警!	2023-11-06 18:53:37			查看 解除
	预警中	室内温度(℃)	21.9	移位报警!	2023-11-06 08:28:19			查看 解除
	预警中	室内温度(℃)	23.4	移位报警!	2023-11-06 06:14:09			查看 解除
	预警中	室内温度(℃)	22.2	移位报警!	2023-11-05 20:21:36			查看 解除

图 6-17　系统预警界面

可帮助运行人员及时作出系统检查与调整，避免长期跑水、供热不均等问题。

2. 精细管理，深抓落实

（1）建立专项队伍，严查跑冒滴漏

项目耗水量一直是企业评判运行管理的一项重要指标，大量的跑水不仅对系统平衡调节不力，还会直接造成系统热量损失。尤其是随着系统管线逐渐老化，解决项目水损耗也是企业一项重要管理课题。为此，纵横三北热力建立专项技术队伍，采购专业检漏、测漏、维修设备，重点解决项目跑水、漏水的问题。通过专项队伍的努力，2023 年纵横三北热力耗水量相较上年下降约 2.5 万 m^3，下降率达到 20%。

（2）制定供热服务标准

结合各项目间的差异情况，综合考虑影响因素，建立指导性服务标准，依照项目建筑围护结构及设计指标，划定供暖服务室内温度标准，建立低温区、舒适区、干燥区等区间，重点提升低温区服务质量，合理降低干燥区热量供应。某时刻系统室内温度控制显示图见图 6-18。

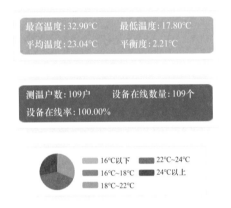

图 6-18　某时刻系统室内温度控制显示图

（3）开展内部实时对标

为进一步提升管理标准，纵横三北热力全面开展内部项目间的数据对标，将气、水、电、热等能耗指标与室内温度、投诉（等服务指标）横向对标，综合考量项目区域、天气、年代等因素的影响，划定内部参考标准，按照日、周、月等不同时间维度，对项目横向考量，对标结果内部公示，树立内部标杆（图 6-19）。

（4）强化管理激励

纵横三北热力针对员工设置激励性奖励机制与考核机制，

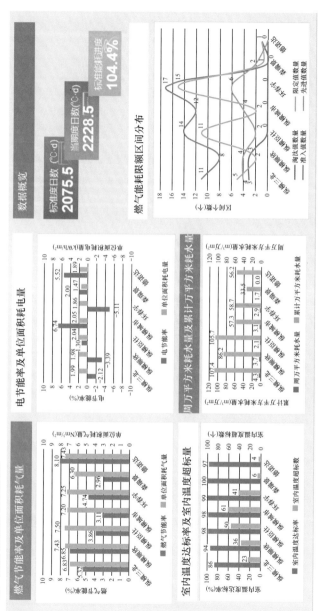

图 6-19 内部数据对标图

让员工能够享受到主动节能的成果，激发员工主观能动性。同时员工主观能动性的提升，有效保证了节能技术、设备设施的有效利用，提升了一线员工钻研技术的意愿。

（5）强化培训，深入一线

纵横三北热力每年定期开展专项技术培训与运行操作技能竞赛，不断强化员工节能意识。针对技术人员，加强节能设计理念学习，强化对节能技术与设备的理解，使技术人员具备系统整体调试、管理的能力。同时将培训深入一线，为一线员工讲解设备操作方法和设备高效运行方式，促进项目一线人员主动开展平衡调节。

综上所述，通过以上精细化管理措施，2021—2022 供暖期至 2023—2024 供暖期万平方米度日数耗气量对比如图 6-20 所示。

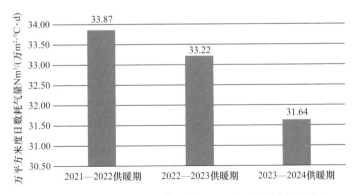

图 6-20　2021—2022 供暖期至 2023—2024 供暖期
万平方米度日数耗气量对比

2022—2023 供暖期万平方米度日数耗气量较上个供暖期下降了 0.65Nm³/（万 m²·℃·d），下降率达 2%，2023—2024 供暖期万平方米度日数耗气量较上个供暖期下降了 1.58Nm³/（万 m²·℃·d），下降率达 4.8%。

6.1.5 淄博市热力集团有限责任公司工业余热供热项目介绍

目前淄博市的供热方式以热电联产为主，区域锅炉为辅，清洁能源为补，近几年淄博市城市发展较为迅速，根据对淄博市供热热负荷详细资料的调研，全市集中供热面积已达 1.1 亿 m²，但工业余热供热面积占比不足 10%，余热资源浪费巨大。有效利用排放的余热资源，替代燃煤锅炉作为供热主要热源，可加快推进减污降碳工作，对打赢大气污染攻坚战，实现"碳达峰、碳中和"目标具有非常重要的意义。

1. 项目背景

淄博市热力集团有限责任公司（以下简称淄博热力）以争取法国开发署贷款为契机，先后建设了开泰首站、金晶首站余热供暖项目，供热区域为淄博市高新区，涉及石化、玻璃等工业产业，实际供热面积为 650 万 m²，仅余热回收量可实现年节约标煤约 0.9 万 tce。此工业余热利用项目荣获"北方城镇供暖节能最佳实践案例"，并编入《中国建筑节能年度发展研究报告 2019》。

淄博市高新区供热发展迅速，同时前几年淄博市政府积极出台推进大气环境治理以及节能减排相关政策，部分热源厂被拆除，区域内热源出现严重缺口，淄博热力为提升供热能力，充分利用现有热源，挖掘周边工业企业的余热、废热进行供热，于2015—2017年先后建设了利用工业余热供热的两座首站—开泰首站和金晶首站，并将其纳入现有城市集中供热系统。

2. 项目概况

淄博热力高新区供热区域采用"5+1"多热源联网供热模式，如图6-21所示。正常状态下开泰首站、金晶首站、汇丰石化、鑫港首站、祥和热源运行，科技园锅炉房作为调峰热源

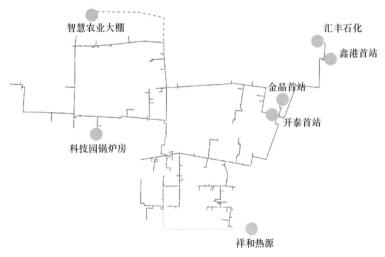

图6-21 淄博热力高新区供热系统图

及应急备用。5 个供热站压力、温度等参数各不相同，且要同时满足不同机组的运行压力和流量要求，淄博热力经过科学计算、精准调控，实现了不同类型热源的联网供热，各热源厂（锅炉房）主要供热设备、供热温度参数、供热功率和实际供热面积如表 6-2 所示。

各热源厂（锅炉房）主要供热设备、供热温度参数、
供热功率和实际供热面积　　　　　表 6-2

热源厂（锅炉房）	主要设备	供/回水温度（℃）	供热功率（MW）	实际供热面积（万 m²）
开泰首站	2 台 30MW 热泵，配套尖峰加热器	75/41	69	197
金晶首站	1 台 45MW 热泵，配套尖峰加热器	89/42	53	136
汇丰石化	1 台 55MW 热泵	61/42	29	84
鑫港首站	2 台 500m² 汽水板式换热器	88/46	51	86
祥和热源	总装机容量 266MW 的机组	94/42	62	149
科技园锅炉房	1 台 21MW 燃气锅炉	—	0	0
合计	—	—	264	652

3. 工艺设计和主要自控策略

（1）设备选型

1）热泵机组

针对丙烯酸生产工艺中循环水和玻璃窑炉生产线降温水流量大但温度低的特点，开泰首站和金晶首站均选择蒸汽驱动型溴化锂吸收式热泵。两首站均位于厂区内，厂区汽轮机发电后的乏汽可作为热泵的驱动能源，一方面未增加一次能源（煤）

的消耗，另一方面可回收部分蒸汽热量，提高了能源的利用率。

2）水泵

为提高系统运行的可靠性和经济性，最大限度保证运行安全，热网循环水管路和余热水管路均同时设汽动循环泵和电动循环泵，汽动循环泵可以通过改变拖动汽轮机的进汽量，改变泵转速，排汽亦可作为热泵机组的驱动蒸汽；电动循环泵通过变频进行调速。其中热网循环管路配备 2 台汽动循环泵和 1 台电动循环泵，正常情况下，开启 1 台汽动循环泵和 1 台电动循环泵，1 台汽动循环泵作为备用，事故情况下，两台汽动循环水泵互为备用；余热水管路配备 1 台汽动余热循环泵和 1 台电动循环泵，正常情况下，开启汽动循环泵，电动循环泵作为备用。

3）补水定压系统

开泰首站设计 2 台补水泵，一用一备，系统定压值根据外网静压确定。为保证凝结水全部回收，设计 3 台疏水泵，凝结水一部分返回厂内回收利用，一部分通过疏水泵补至管网。热网采用连续补水定压，系统冲洗、排污或事故状态补水均由补水进网，同时设一路自来水作为紧急补水。

金晶首站设置 2 台补水泵，一用一备。由补水泵补到一次管网循环水泵的入口母管上，根据系统水压图设定补水点压力。

4）凝结水回收装置

开泰首站选用闭式凝结水回收机组，一部分凝结水由闭式凝结水回收机组加压送至厂区除氧器，大部分凝结水存至水箱补到高温水管网。

金晶首站设置 $20m^3$ 闭式凝结水罐及凝结水泵，一部分凝结水补入热网，剩余凝结水输送至厂区现有凝结水系统。

（2）自控策略

自控的首要任务是安全运行，在此前提下实现对整个供热系统的监控。自控系统由中央控制室系统、通信系统、首站现场自控系统组成，可实现实时监测、上位机控制、数据查询、报警等功能。项目实际点位 555 个，标间变量约 2100 个，高级报警项 30 项。为更精确地实现自动控制，进一步确保运行安全符合实际需求，设置相关的连锁保护程序，包含设备控制、控制策略、安全连锁等。

设备控制主要有汽轮机、循环泵、补水泵、凝结水泵、蒸汽调节阀、排空蒸汽阀、尖峰加热器调节阀、泄压阀、自来水电磁阀、疏水泵等设备和阀门的自身保护程序和相互影响参数连锁保护程序。控制策略主要有二次回水补水策略（补水上下限、顺序等）、尖峰加热器调节阀控制策略、热泵入口压力稳定控制策略、水箱液位控制策略、泵阀联动策略、上电策略等。

安全连锁主要有手动 / 自动安全连锁、远程就地切换安全连锁、补水泵和疏水泵安全连锁、循环泵安全连锁、一次蒸汽排空安全连锁、热泵进气压力超压连锁等。连锁需要操作管理与技术实现结合，技术是固化的，结合操作管理才能更好地适应生产。

4. 开泰首站

（1）项目简介

开泰首站外观、站内情况分别如图 6-22、图 6-23 所示，针对丙烯酸生产工艺循环水流量大但温度低的特点，设计建设 2 台 30MW 蒸汽驱动型溴化锂吸收式热泵，配套尖峰加热器提温供热，蒸汽凝结水通过高温水管网输送至各二级热力站做供热系统补水。设计 3 台汽动轮机分别作为热网水和余热水的动力源，利用电厂蒸汽驱动汽动循环泵后再作为热泵驱动热源。

余热热泵机组作为一级加热器，承担基础负荷，尖峰加热器承担升温和负荷调峰的作用。在供热初期和末期，采用余热

图 6-22　开泰首站外观

图 6-23　开泰首站站内情况

热泵机组直接为外网供热；在严寒期，利用余热回收系统将 40～50℃的一次管网回水经过热泵机组提温到 76℃后，再经尖峰加热器继续加热至 95℃作为一次管网供水。首站设计最大供热能力为 150MW，极寒天气下最多承担约 330 万 m² 的供热面积。

严寒期金晶首站供热系统实际运行流程和参数如图 6-24 所示，2022—2023 供暖期典型工况为：热泵、汽动循环泵和尖峰加热器三者消耗蒸汽热功率为 59MW，其中热泵和尖峰加热器利用蒸汽热功率为 56MW，提取瞬时余热量为 13MW。开泰首站总供热功率 69MW，实际供热面积 197 万 m²。

（2）主要设备参数

开泰首站主要设备参数如表 6-3 所示。

5. 金晶首站

（1）项目简介

金晶首站外观、站内情况分别如图 6-25、图 6-26 所示，

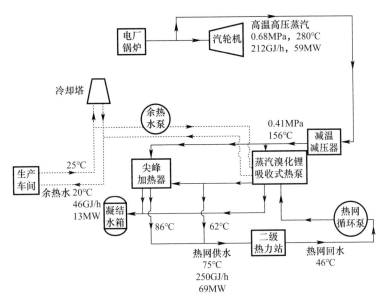

图 6-24　严寒期开泰首站供热系统实际运行流程和参数

开泰首站主设备表　　　　　　　　表 6-3

序号	名称	型号及技术参数	数量	单位	备用
1	热泵机组	30MW，HRU12-ZBRL-1	2	台	—
2	热网加热器	75MW，0.8MPa（绝压），250℃	4	台	—
3	热网水电动循环泵	Q=1400t/h，H=125m，P=710kW	1	台	2用
4	热网水汽动循环泵	Q=1400t/h，H=125m，n=1480r/min	2	台	1备
5	余热水电动循环泵	Q=3100t/h，H=15m，P=185kW	1	台	1用
6	余热水汽动循环泵	Q=3100t/h，H=15m，n=980r/min	1	台	1备
7	工业汽轮机	B.8-0.9/0.5，额定进汽量：35t/h	2	台	—
8	工业汽轮机	B.22-0.9/0.5，额定进汽量：12t/h	1	台	—
9	变频补水定压装置	配多级立式离心泵两台 Q=210t/h，H=55m，P=75kW	1	套	—
10	减温减压器	W80-0.5/240-0.5/150-1.2/65	1	套	—

图 6-25　金晶首站外观

图 6-26　金晶首站站内情况

以高温烟气余热锅炉产出的蒸汽和开泰电厂供给的蒸汽作为热泵驱动源，并提取玻璃窑炉生产线降温水余热。热泵为热网水的一级加热，汽水换热器为热网水的二级加热。建设 1 台 45MW 蒸汽驱动型溴化锂吸收式热泵，一台 10.5MW 低压蒸汽尖峰加热器，首站最大供热能力 55.5MW，极寒天气下最多可承担约 145 万 m^2 的供热面积。

严寒期金晶首站供热系统实际运行流程和参数如图 6-27

所示。2022—2023 供暖期典型工况为：热泵和尖峰加热器消耗蒸汽热功率为 44MW，提取瞬时余热量为 9MW。首站总供热功率 53MW，实际供热面积 136 万 m²。

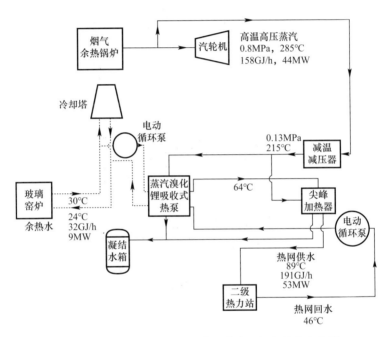

图 6-27　严寒期金晶首站供热系统实际运行流程和参数

（2）主要设备参数

金晶首站主要设备参数如表 6-4 所示。

金晶首站主要设备参数						表 6-4
序号	名称	型号及技术参数	数量	单位	备用
1	热泵机组	45MW，HRU18-ZBRL-38，30～50/80℃	1	台	—

续表

序号	名称	型号及技术参数	数量	单位	备用
2	热网加热器	24MW，0.8MPa（绝压），180℃	2	台	—
3	热网循环泵	Q=700t/h，H=120m，P=355kW	3	台	2用1备
4	余热循环泵	Q=200t/h，H=15m，P=110kW	2	台	1用1备
5	凝结水泵	Q=25t/h，H=50m，P=7.5kW	2	台	1用1备
6	热网补水泵	Q=32t/h，H=50m，P=11kW	2	台	1用1备

6. 供热运行情况

根据首站 2022 年 12 月、2023 年 1 月运行记录显示，极寒期开泰首站、金晶首站、汇丰石化、鑫港首站、祥和热源的供热功率如图 6-28 所示，供热量根据室外温度调节，最大供热功率分别为 69MW、53MW、29MW、51MW、62MW，合计最大供热功率 264MW。

淄博热力将余热热源作为基础热源，其余高成本热源作为补充，始终保证运行的经济性，改变了多数余热项目将余热热源作为调峰热源的现状；根据各热源特点和价格制定详细的热源平衡方案，热源之间参数匹配合理且实现了参数统一调度，大大提高了运行的可靠性和经济性。

设置多个补水点，地理位置分布较广，但对补水点集中联网控制，对运行参数集中采集、处理、分析，可根据各点压

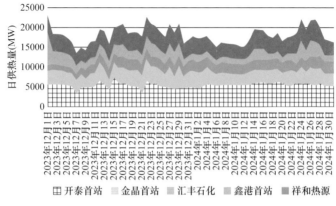

图6-28　2022年12月、2023年1月各热源厂日供热量

力、凝结水箱液位、水处理中心软化水水箱液位等对参数自动调节，并设置有一次管网储水箱，实现了管网整体的运行平稳，并实现凝结水的最大回收和利用。

淄博热力在设计和建设首站、一次管网以及二级站时都进行了科学、细致的考虑，为降低一次管网回水温度，提高热泵运行效率，最大程度提取余热，于2018年对区域所有二级站进行了设备校核，对不符合要求的站点进行了换热器加片，配合科学的运行调度策略，使得供暖期内，即便是在严寒期，一次管网的回水温度也严格控制在48℃以内，大大提高了热泵和热电联产的运行效率。2022年12月—2023年1月首站供、回水温度和首站热量、余热量分别如图6-29和图6-30所示。

7. 经济和环境效益

开泰首站和金晶首站总投资约5200万元，投运以来首站

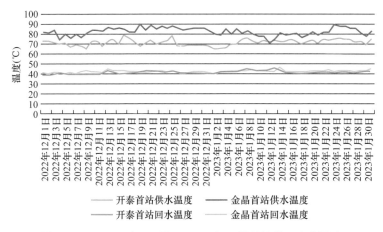

图 6-29　2022 年 12 月—2023 年 1 月首站供、回水温度

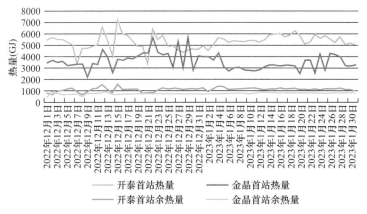

图 6-30　2022 年 12 月—2023 年 1 月首站热量与余热量

余热利用量如表 6-5 所示。首站累计余热利用量为 179.4 万 GJ，累计回收凝结水 245 万 t，累计节电 1602 万 kWh，已于 2019—2020 供暖期收回成本，静态回收期少于 5 个供暖期。

第 6 章

首站余热利用量和节电量　　　　表 6-5

供暖期	开泰首站余热利用量（万 GJ）	金晶首站余热利用量（万 GJ）	合计余热利用量（万 GJ）	回收凝结水量（万 t）	节电量（万 kWh）
2015—2016	2.7	—	2.7	32.8	108.5
2016—2017	16.3	—	16.3	31.0	103.0
2017—2018	14.4	7.4	21.8	39.2	236.5
2018—2019	13.8	11.9	25.7	26.8	216.2
2019—2020	14.1	14.2	28.3	25.5	239.9
2020—2021	17.1	11.4	28.5	29.2	221.1
2021—2022	19.3	12.5	31.8	33.6	264.7
2022—2023	14.6	9.7	24.3	26.9	212.2
总计	112.3	67.1	179.4	245.0	1602.1

两个首站运行稳定后，平均单个供暖期余热量约为 27 万 GJ，折合标准煤约 9207tce；减排二氧化碳 2.4 万 t，二氧化硫 78t，氮氧化物 68t。

8. 结语

淄博热力在淄博市城市发展和现有供热管网布局的基础上，为充分利用现有管网资源，鉴于集中供热服务的公益性和管网运行的安全性特点，本着"一网多源，网源分开；全网调控，多源互备；上新改旧，由外及内"的原则，打造可统筹管理的供热体制，形成"市域统筹，一张热网，多个热源，供需协调，市场化运行"的体系，充分体现出可持续发展理念，实现了社会、经济、环境三个效益的统一。

淄博热力在工艺设计时，利用了不同类型的余热水供热，最大限度实现了能源的梯级利用；在设备选择上，选用节能高效的设备，选用导热系数小、保温效果好、绿色环保的保温材料；以余热资源为基础热源，热电联产，蒸汽、燃气锅炉等高成本热源为调节热源，实现了多种类型热源的多热源联网供热；从设计到运行调度，科学匹配设备参数和运行参数，实现首站、热源、补水中心、二级站、管网等的相关参数的集中监控和控制，始终保持经济、安全、科学的运行模式。

展望未来，在国家"双碳"目标指引下，淄博热力将继续做好供热民生服务工作，下好余热利用这盘棋，为我国供热行业工业余热利用发挥示范引领作用。根据调研，淄博市可提供大量余热的企业有中国石化齐鲁石化公司、山东铝业公司、山东金城石化集团等，估算全市工业余热量约 2000MW 以上，供热面积超 6000 万 m^2。如果将全市余热资源充分利用，每年将节约标准煤约 71 万 tce，减排二氧化碳 186 万 t、二氧化硫 6035t、氮氧化物 5254t。因此，淄博市在余热资源挖掘和利用上将大有可为。

6.2　降低源、网、站单位面积能耗指标的具体经验

6.2.1　临汾市热力供应有限公司降低一次管网回水温度经验分享

临汾市热力供应有限公司（以下简称临汾热力）成立于2005 年 3 月，承担着临汾市主城区供热管网的规划、建设、

供热服务及运营等工作。截至目前，临汾热力共建设热力站321 座，敷设一次主管网 450km，入网供热面积达 5100 余万 m²（其中葿售面积 2450 万 m²），实现了临汾主城区集中供热全覆盖。

临汾市区有供热热源 4 座。其中热电联产热源 2 座，分别为大唐热电、临汾热电，均位于市区西侧；燃气锅炉热源2 座，分别为靳家庄热源厂、赵下燃气热源厂，均位于市区东侧。临汾市供热管网分布图见图 6-31，2022—2023 供暖期供暖相关数据见表 6-6。

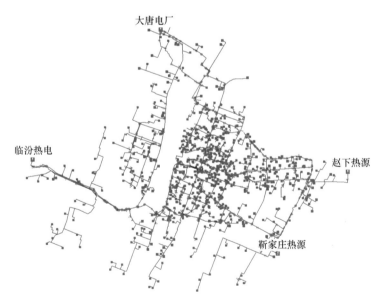

图 6-31 临汾市供热管网分布图

2022—2023 供暖期供暖相关数据　　表 6-6

热源	供热能力（MW）	平均流量（t/h）	平均供水温度（℃）	平均回水温度（℃）
大唐热电	2×300	10134	92	42
临汾热电	2×300	9650	92	42.5
靳家庄热源厂	3×70	—	—	—
赵下热源厂	3×70	—	—	—

临汾热力致力于绿色智能供热的整体技术集成，通过不断技术创新、自主研发，获得 12 项专利技术，先后被认定为"山西省供热信息化工程技术研究中心""临汾市企业技术中心"；摸索建立了供热工程建设、管理、经营的全新理念；在行业内较早采用"无补偿直埋冷安装"施工工艺、"一补二"自动补水定压技术、温度补偿自调节技术，较早实现了热力站无人值守；先后实施了二次能源管理项目、空气源热泵供热项目、梯级智能站供热项目、公共建筑分时分区节能改造项目、供热信息化管理平台项目、全网分布式变频输配系统改造项目等，建立用户服务平台和能源监控调度系统，形成以热电联产供热为主、清洁能源并存互补的绿色供热技术体系。此外，临汾热力还先后被授予"全国城市集中供热节能减排示范基地""全国热力工程建设政府放心、用户满意十佳诚信企业"。

多年来，临汾热力多举措助力热能高效输送，降低一次管网回水温度。2016—2023 年，一次管网平均回水温度下降了约 7℃，如图 6-32 所示。

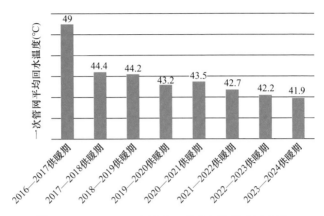

图 6-32　2016—2023 年一次管网平均回水温度

为降低一次管网回水温度，提高整个供热系统的运行效率，临汾热力采取的主要措施体现在如下几个方面：

1. 全网分布式系统的应用

临汾热力于 2017—2018 年实施了分布式供热输配改造工作，建立临汾市区一次管网分布式供热输配系统，连通 4 个热源，实现环状网架构及多热源联网供热，进而构建以热电联产为主、燃气锅炉为辅的高效集中供热系统。

经过分布式供热输配系统改造，一次管网实现低温、低压运行，回水温度由 49℃降低至 44.4℃，热源主循环水泵运行扬程大幅降低，整个热网运行压力降低 0.3MPa，有效解决了局部热网调节困难、管网运行压力过高的问题，保障了地势低点的管网的运行安全（图 6-33、图 6-34）。此外，一次管网分布式供热输配系统及数据平台的改造改善了一次管网水力工况，减少了冷热不均时间，节约电耗 30%，节约热耗 11%。

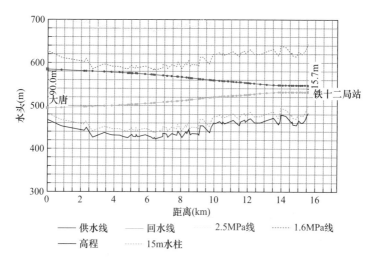

图 6-33 临汾市一次管网分布式供热输配系统改造前水压图

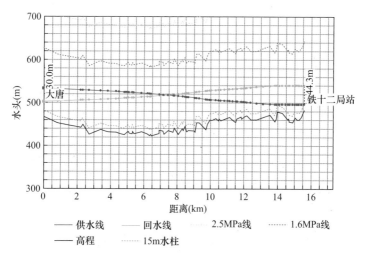

图 6-34 临汾市一次管网分布式供热输配系统改造后水压图

2. 二次管网平衡调节及分阶段智能调节

（1）针对二次管网平衡调节

在供热初期，存在排气、管道堵塞，系统故障及热源稳定性差等多重问题，为确保正常供暖，户端阀门处于全开状态。至供热中期，小区供暖出现冷热不均、回水温度相差过大等问题。为提高供热效率、减少能源损耗并满足住户舒适度需求，进行二次管网平衡调控，其核心在于降低回水温度，以实现精细化温度控制（图6-35）。在供热中期，对不同类型的小区建

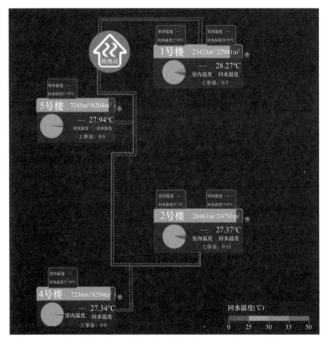

图6-35　二次管网平衡节能信息化调节系统

立相应的二次管网平衡调节系统，对于装有户表、户阀，数据可实现远传且室内温度数据较为完善和准确的小区，利用智能系统进行调节，对用户进行详细分类（如边户、中户、孤岛户、上停户、下停户等），结合室内温度采集数据，使用室内温度一致法调控。截至 2022—2023 供暖期，共安装电动调节户阀 38056 个，覆盖面积 564 万 m^2，占比 27%。对于室内温度数据不甚完善、未装有表阀的小区，临汾热力利用手持流量计、测温仪现场测量并计算分析，再通过现场阀门操作实现二次管网平衡。

对安装有 T2 温度胶囊的小区实施精细化供热管理策略，在每栋楼回水立管上安装温度监测装置。利用物联网技术实时上传楼栋回水温度数据，通过深入分析每栋楼回水温度数据，制定小区回水温度基准值。用手机、电脑等终端，随时随地可查看小区各楼栋失衡状态，精准掌握每栋楼回水立管的回水温度状况，对楼栋阀门采用回水温度一致法进行二次管网平衡调节，实现热能的均衡分配（图 6-36）。

（2）一站一策控制

选取滨河花园、育英、万象春天热力站，开展一站一策控制测试（图 6-37）。全面分析这三座热力站过去两年的历史数据，利用先进的大数据技术对数据进行清洗处理。基于处理后的数据，精确计算出不同室外温度下的二次管网供水温度。

针对每个热力站的运行情况，基于室外温度和室内温度数

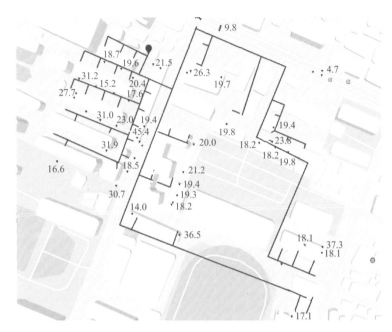

图 6-36　Auto Eco 监测系统

据，制定个性化的自动调节策略，实现自动调节二次管网供水温度。2023—2024 供暖期，这三座热力站的用户的平均室内温度为 19.3℃，热力站平均二次管网供水温度降低 2℃，一站一策控制彻底取代了传统的人工调整方式，由经验供热转变为由数据供热，实现了精准、高效地调控，调控效率提升 1 倍以上。

3. 热力站能效提升改造

热力站能效提升改造增大了一次管网的供回水温差，减少了阻力损失，降低了分布式泵的运行电耗，降低了一次管网的压力，提高了供热系统的安全性。这不仅减少了热力公司的运温度补偿设定值要求：前后每小时之间的温差补小于2℃，严禁超过这个范围，过低造成无法补偿(例如：10点为0℃，11点为-1℃，12点最低为-3℃，若12点为-4℃则无法提交)，过高会造成系统压力剧烈波动。为保障提前小时进行温度补偿的编辑。

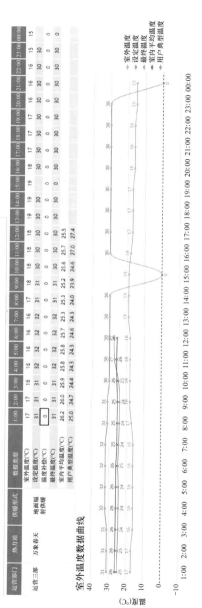

运营部门	热力站	供暖形式	数据类型	1:00	2:00	3:00	4:00	5:00	6:00	7:00	8:00	9:00	10:00	11:00	12:00	13:00	14:00	15:00	16:00	17:00	18:00	19:00	20:00	21:00	22:00	23:00	00:00
运营三部	万象春天	地面辐射供暖	室外温度(℃)	17	17	16	16	16	16	16	17	18	18	18	18	19	19	19	18	17	17	16	16	16	16	15	15
			设定温度(℃)	31	31	31	31	32	32	32	31	31	30	30	30	30	30	30	30	30	30	30	30	30	30	30	30
			温度补偿(℃)	0	0	0	0	0	0	0	0	0	0	0	0	0	0	0	0	0	0	0	0	0	0	0	0
			最终温度(℃)	31	31	31	31	32	32	32	31	31	30	30	30	30	30	30	30	30	30	30	30	30	30	30	30
			室内平均温度(℃)	26.2	26.0	25.9	25.8	25.8	25.7	25.3	25.3	25.2	25.6	25.7	25.6	25.5											
			用户典型温度(℃)	25.0	24.7	24.4	24.3	24.3	24.6	24.3	24.0	23.9	24.6	27.0	27.4												

室外温度数据曲线

图6-37 万象春天热力站一站一策控制页面

行费用，还减少了电厂冷却塔电耗、水耗，同时还提高了汽轮机组的整体能效水平，提高了系统能源利用效率。

以 2022—2023 供暖期改造的五一西热力站为例，其设计供热面积 30 万 m²，在保留原有 4 台 4.5MW 板式换热器的基础上，新增 1 台全焊接板壳式换热器。该换热站供热面积较大，一、二次管网回水温度端差在 5℃以上，故计划使用 15MW 全焊接板壳式换热器代替原有的 4 台 4.5MW 的板式换热器进行供热。在原有一次管网供回水管道上增加焊接球阀，作为原有系统和改造后系统的切换阀门，不改变原有的二次管网系统，新增加的全焊接板壳式换热器与原有系统可随时切换使用。

通过分析 2022—2023 供暖期运行数据可得（表 6-7），原有的板式换热器一次管网供回水温差约为 41℃，一、二次管网回水温差约为 4.6℃，整个热力系统的一次管网回水温度为 40.44℃左右。实施改造之后，一次管网供回水温差达到 47℃左右，最高可达 56℃，一、二次管网回水温差基本为 0℃~1℃，整个热力系统的一次管网回水温度比实施之前降低约 6℃。

4. 新入网用户审核

供热系统的设计、施工、设备选型等因素，直接影响供热质量。为保障供热系统高效节能运行，临汾热力对新入网用户从设计到建设，结合实际运行情况及企业标准，进行了全过程的审核及监管，避免因设计和施工不规范造成供热质量不佳等问题。

五一西热力站改造前后温度对比　　表 6-7

一次管网供温（℃）	二次管网供温（℃）	常规板式换热器				全焊接板式换热器			
		一次管网回温（℃）	二次管网回温（℃）	一、二次管网回水温度端差（℃）	一次管网供回水温差（℃）	一次管网回温（℃）	二次管网回温（℃）	一、二次管网回水温度端差（℃）	一次管网供回水温差（℃）
94	43	43.6	38	5.6	50.4	38	38	0	56
92	43	44	38.3	5.7	48	38	38	0	54
90	43	46.3	40.3	6	43.7	38	38	0	52
88	43	44.5	39	5.5	43.5	36	36	0	52
85	41	43.2	38	5.2	41.8	37	36	1	48
80.6	40.3	40.9	35.8	5.1	39.7	31	31	0	49.6
76.2	37.9	37.2	34.1	3.1	39	32	31	1	44.2
70.7	35.7	32.9	30.1	2.8	37.8	32	32	0	38.7
60.3	33.5	31.4	29	2.4	28.9	29	29	0	31.3
平均值		40.44	35.84	4.6	41.42	34.56	34.33	0.22	47.31

（1）热用户热负荷表审核

在新建小区首次申请入网时，临汾热力根据热力站建设技术标准（图 6-38），要求开发商按照标准对热力站进行设计、设备选型，保障用户供热质量及系统运行能效。

（2）二次管网水力计算校核

临汾热力根据企业标准中的热指标、供回水温度要求对二次管网进行水力计算建模验收分析（图 6-39），一是检查最不利环路的比摩阻是否满足最低要求，二是对比计算最不利环路阻力损失与负荷表中的系统阻力。通过书面形式向用户下达整

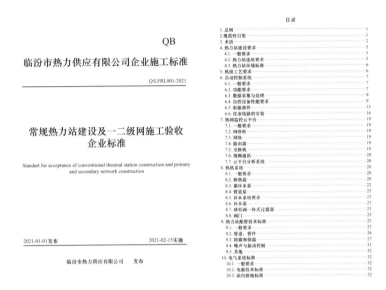

图 6-38　临汾热力热力站建设技术标准

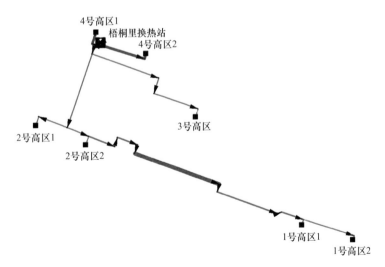

图 6-39　二次管网水力计算建模验收分析图
（图中红色部分管道比摩组大于 300Pa/m）

改报告，提前避免后期运行中出现问题，可以有效地提高热力站的运行效率和避免因用户后期整改二次管网造成的损失。

企业标准的树立从源头上避免了用户端不热问题的频繁出现，提前对设计图纸进行审核，保证了二次管网水力平衡和节能运行；通过对施工建设过程监管，保证了施工质量和供热安全；对新建站的配套设施的验收，保障了供热运行的稳定性。大数据的流程监管，有利于新建站进程的有效沟通，建立了一个良好的标准化、流程化的管理体系。

5. 全周期运行管理，实现高效供热

（1）运行中实时监测，加强分析

临汾热力冬季供暖期执行五班三倒值班制度，工作人员每日巡查热力站通信情况，每小时检查热源数据、过河管数据、解耦管数据，每两小时检查换热站水泵运行状态。平台自动分析运行数据，对负荷、运行参数进行修正（图 6-40）。对所有热力站实行一站一表、一天一报表、一天一分析、一站一控制策略。尤其对运行中回水温度端差较大的换热站进行智能机组改造并搭建分析监控平台，实时监测板式换热器的换热效率，设置换热效率的报警值，当板式换热器效率低于设定阈值时进行报警，在线清理。进行智能机组改造的热力站，改造后全年平均回水温度可降低 2℃左右。

（2）运行前充分准备、消除隐患

对于供暖期因停热时间较长、无法在线清洗的板式换热

运营部门：三部 中心站： 查询

运营部门	中心站	机组	一次管网回温	二次管网回温	实际温差	温差报警值	一次管网供压	二次管网回压	实际压差	压差报警值
运营三部	建行	安装公司	19.73	20.38	0.65	10	6.55	6.55	0.00	0.1
运营三部	农业局	八角楼	17.51	17.25	0.26	10	0.09	0.09	0.00	0.1
运营三部	建行	百汇	19.53	17.97	1.56	10	6.55	0.00	6.54	0.1
运营三部	煤炭	保安	15.94	17.02	1.08	10	0.28	0.29	0.01	0.1
运营三部	农业局	扁担巷	19.37	19.21	0.16	10	0.10	0.10	0.00	0.1
运营三部	农业局	长话	20.90	20.27	0.63	10	0.05	0.06	0.01	0.1
运营三部	农业局	东关商城	16.49	14.75	1.74	10	6.55	6.55	0.00	0.1
运营三部	煤炭	法院	20.46	20.81	0.35	10	0.00	0.02	0.02	0.1
运营三部	建行	福利厂	19.31	19.71	0.40	10	0.08	0.10	0.01	0.1
运营三部	建行	福利东	20.05	21.96	1.91	10	0.01	0.02	0.00	0.1
运营三部	建行	福利西	20.11	20.63	0.52	10	0.35	0.35	0.00	0.1
运营三部	农业局	工贸	19.69	19.16	0.53	10	6.55	0.00	6.55	0.1
运营三部	煤炭	贡院北1号	23.84	19.10	4.74	10	0.27	0.28	0.01	0.1
运营三部	煤炭	贡院北2号	22.29	19.08	3.21	10	6.55	0.00	6.55	0.1
运营三部	农业局	贡院西1号	17.36	17.75	0.39	10	0.03	0.03	0.00	0.1
运营三部	农业局	贡院西2号	17.14	17.61	0.47	10	6.55	6.55	0.00	0.1
运营三部	农业局	鼓楼广场1号	20.61	20.15	0.46	10	6.55	0.00	6.55	0.1
运营三部	农业局	鼓楼广场2号	20.72	19.78	0.94	10	0.44	0.46	0.01	0.1
运营二部	建行	二监狱东院站	17.43	18.63	1.20	10	0.07	0.08	0.02	0.1

图 6-40　换热站运行数据分析报表

器，一方面对其进行拆卸清洗，清污除垢；另一方面经过详细地数据分析，对板式换热器的型号、设计参数等进行优化，进一步提高换热效率，降低回水温度。

6. 总结

随国家碳达峰、碳中和相关政策的推进，如何绿色、高效供热，是下一步发展的重点。临汾热力将加快打通堵点，补齐短板；大力发展数字经济；实施供热系统更新行动，推进老旧小区管网和换热站改造；加快调整优化公司内部结构；搭建技术体系结构，全面贯彻新发展理念。

“全心全意为市民绿色供热，同心同德还城市碧水蓝天”是临汾热力的企业宗旨，“奉献、创新、拼搏、坚持”是企业精神，临汾热力将以“做全国供热领域最节能的公司、做全国公益事业领域第一服务品牌"为目标,上下同心,为造福临汾人民和推动供热事业高质量发展贡献力量。

6.2.2　国家电投集团东北电力有限公司大连开热分公司用智慧供热手段降低热力站能耗指标

1. 大连开热分公司原始情况

国家电投集团东北电力有限公司大连开热分公司(以下简称大连开热),其前身为成立于 1986 年的大连经济技术开发区供热公司。2016 年 4 月 1 日,为做强做优供热产业,发挥智慧供热品牌优势,总公司将大连开热调整为直接管理,带领大连开热开始探索智慧供热模式,大连开热迈入全新发展阶段。

大连开热原有供热模式采用 PLC 控制系统控制供水温度,依靠运行调度人员人为调控供水温度,依据室外气温,根据个人经验设定当日二次管网供水温度。由于无法监测用户室内温度,往往出现过供、欠供现象,并且需要经常人为调控,费时费力,热耗居高不下,供热效果不佳。为改变现状,大连开热探索采用智慧供热模式解决实际问题。

2. 传统供热改为智慧供热的方案

为了提升供热效果,同时控制能耗指标,引入室内温度监测系统,掌握热用户室内温度情况,做到有的放矢。然后基于室内温度监测系统,建立供水温度自动调节控制系统,根据用户室内温度变化,自动控制供水温度,改变原有人为调控供水温度的供热模式。这样供水温度可以随用户室内温度变化实时自动调整，避免过供、欠供现象，降低热力站耗热量。

（1）建立室内温度监测分析体系

2018—2019 供暖期，大连开热选择 5 个典型换热站，实际供热面积共计 39 万 m²（3500 个住户），按照 14% 的比例，对供热区域尝试安装了 500 台室内测温设备，作为试点。监测人员通过观察供暖期的室内温度监测记录，并结合实际入户调查室内温度情况，发现有些测温设备由于安装位置不合理，采集的室内温度与用户实际生活区域的室内温度有很大偏差，产生大量无效数据，对计算平均室内温度有很大干扰。

因此，安装人员及时调整了测温设备安装策略，对测温点位置不合适的测温设备进行位置调整。在非供暖期，大连开热对区域内各热力站所辖小区进行了大面积测温设备安装工作，在热力站每个机组对应的小区中均选择了具有代表性的住户安装测温设备。至此，大连开热掌握了获取热用户有效室内温度的监测方法，逐步建立起室内温度监测分析体系。

（2）建立供水温度自动调节控制系统

建立室内温度监测分析体系后，可以获取各供热机组对应供热区域的有效平均室内温度。将用户平均室内温度作为重要运行参数，引入热力站运行控制逻辑中，调节系统运行，建立供水温度自动调节控制系统。

将用户室内温度作为输入参数，与室外温度一同输入建立的负荷预测模型，由模型自动下发供水温度曲线，形成自动调节模式，替代手动设定供水温度的传统调节模式。

试点热力站按照自动调节供水温度的新模式投入试运行后，大连开热逐步完善负荷预测模型与室内温度监测分析系统的各个环节，在耗热量控制方面取得良好突破。以采用传统供热调节模式的 2018—2019 供暖期与部分区域改用自动调节供水温度新模式的 2019—2020 供暖期作对比，2018—2019 供暖期室外平均温度为 2.03℃，供暖期单位面积耗热量 0.2933GJ/m²；2019—2020 供暖期室外平均温度为 1.79℃，供暖期单位面积耗热量为 0.2818GJ/m²。可见，在供暖期平均气温同比下降 0.24℃的条件下，改用自动调节供水温度新模式后相比采用传统供热调节模式时的单位面积耗热量仍下降达 3.92%，有效证明新建立的自动调节供水温度的新模式效果良好，智慧供热初步实现。

为进一步优化供热效果，控制耗热量指标，2020—2021供暖期，工作人员结合换热力机组区域特点调整机组的逻辑函数，尝试建立为每个机组建立个性化逻辑控制。工作人员参考运行历史数据，逐个调试机组的修正函数。根据不同的供暖方式，设置不同的基础供水温度。散热器供暖方式基础供水温度设置在 35℃左右，地面辐射供暖方式基础供水温度设置在33℃左右。根据建筑物围护结构特性，对围护结构较差、室内温度随室外温度变化较快的区域采取较快升温的调节方式，对围护结构保温性能较好、室内温度随室外温度变化较慢的区域采取较慢升温的调节方式，实现每个机组都有对应的自动调节曲线。截至 2020—2021 供暖期，大连开热并网面积 933 万 m² 的供热区域全部按照自动调节供水温度的新模式投入运行。2020—2021 供暖期单位面积耗热量为 0.2739GJ/m²，相比传统供热模式 0.2933GJ/m²，下降比例达到 6.61%。

（3）引入循环泵转速自动调节

起初，建立自动调节模式是为了自动调节供水温度。供热运行调节包括"质调节""量调节"，二者协调互补，共同实现经济运行。因此，待供水温度自动调节模式成熟后，大连开热引入循环泵转速自动调节。也就是继实现自动"质调节"后研究自动"量调节"。将循环泵转速与用户室内温度关联，进一步实现了智慧供热，实现热负荷随热需求同步调整，达到改善供热效果、节能降耗的目标。这样，循环泵转速过高及流量超供的现象得到避免，热力站耗电量得到进一步降低。

通过自动调节控制系统大连开热实现了供水温度与循环泵转速的自动调节，将换热站运行调节与用户供暖质量关联起来，逐步实现智慧供热。自动调节控制系统逻辑图如图 6-41 所示。

（4）供水温度与循环泵转速自动调节的应用

依据建立的负荷预测模型与自动调节控制系统逻辑，通过自动运行参数设置模块，进行对应室外温度条件下的供水温度与循环泵转速参数设置。为达到供暖效果提升的目的，将目标

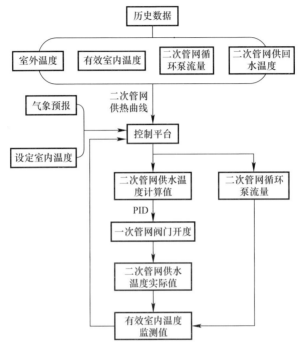

图 6-41　自动调节控制系统逻辑图

室内温度参数和调节系数作为人为干预参数，在基础供水温度的基础上，利用负荷预测模型的模拟功能，自动计算并设置供水温度。循环泵转速按照参考流量配比在供暖初期人为进行设定，在供暖期即可依靠智慧供热模式参照对应室外温度自动调节循环泵转速，实现"分阶段、变流量"的目的，达到调节耗电量的效果（自动运行参数设置模块参考数据表见表 6-8）。例如当日室外温度为 -15～-5℃时，传统供热调节模式下，因无法对区域内 180 个机组同时进行循环泵转速调节，为满足

第6章

用户侧热负荷需求,只能按照当日最低气温(−15℃)条件下对应的流量配比 2.7kg/m² 设置该机组循环泵转速为 1300r/min,其余时段通过质调节调整供水温度控制供热量。而采用智慧供热模式后,可以由自动调节控制系统按照当日各时段的室外温度自行对 180 个机组下达循环泵转速调节指令,在日间温度在 −10～−6℃时,该机组循环泵将自动调节转速至 1200r/min;日间温度升高至 −5℃以上时,该机组循环泵将自动调节转速至 1100r/min。智慧供热模式使循环泵转速实现分时段调节,避免了传统供热模式下循环泵频繁高转速运行造成的电能浪费,实现大幅降低机组耗电量的目的。

自动运行参数设置模块参考数据表　　表 6-8

室外温度 (℃)	基础供水温度 (℃)	循环泵转速设置 (r/min)	参考流量配比 (kg/m²)
10	35	950	2.1
5	36		
4	37	1000	2.15
0	38		
−1	39	1100	2.3
−5	41		
−6	42	1200	2.5
−10	45		
−11	46	1300	2.7
−15	48		

续表

室外温度 （℃）	基础供水温度 （℃）	循环泵转速设置 （r/min）	参考流量配比 （kg/m²）
-16	48.5	1300	2.7
-20	50		

3. 实施效果

上述技术已成功应用于大连开热并网面积 933 万 m^2 的供热区域，通过建设自动运行调节的智慧供热模式，实现了人工调控的传统供热模式向自动化、智能化的智慧供热模式的转变；同时提了供热质量，整个供暖期用户室内温度波动控制在 ±0.5℃范围，实现了"恒室内温度"管控，杜绝了用户投诉（改造前后 24h 内室内温度监测曲线对比图见图 6-42）；在生产方面实现了日计划、日统计、日分析的（热、水、电）能耗指标数字化精细管控，进一步降低了能耗指标。截至 2021—2022 供暖期，热力站单位面积耗电量降至 0.390kWh/m^2，热力站单位面积耗热量降至 0.2567GJ/m^2，能耗水平在供热行业达到先进水平。采用传统供热模式与采用智慧供热新模式的单位面积耗热量对比见表 6-9。

由此可见，智慧供热在提供热质量，降低热力站能耗方面效果明显。大连开热将在实践中继续探索既满足热用户供热舒适性需求，又能够避免过量供热，从而促进企业节能增效的技术手段和管理模式，并愿意和广大的供热同行一道，共同努

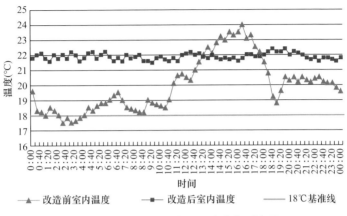

图 6-42　改造前后室内温度曲线对比图

传统供热模式与智慧供热新模式单位面积耗热量对比

表 6-9

供暖期	室外平均温度（℃）	单位面积耗热量（GJ/m²）	相比未改造时单位面积耗热量降幅	供热模式
2018—2019	2.03	0.2933	—	传统供热模式
2019—2020	1.79	0.2818	3.92%	部分区域改用新模式
2020—2021	1.12	0.2739	6.61%	全部区域改用新模式
2021—2022	1.61	0.2567	12.48%	全部区域改用新模式

力，不断创新，为清洁供热建设与行业实现"双碳"目标做出积极贡献。

6.2.3　天津泰达津联热电有限公司二次管网节电降耗措施探讨

天津泰达津联热电有限公司（以下简称津联热电）位于天津经济技术开发区东区，主要负责开发区东区居民及企业供暖、蒸汽生产和供应保障工作。居民、底商用户 5 万余户,工业蒸汽用户约 100 户,总供热面积 1500 余万 m^2。

节能降耗一直是供热企业不懈努力和为之奋斗的方向,供热企业是电耗大户,热力站也是重要的耗电单元。热力站的设备选择和工作方式非常重要,如果设备选型不当,系统设计不合理,会造成电能的大量浪费。要想节电必须从供热系统的各组成部分(如热源、热网、热力站、热用户)和供热系统的各个环节(如设计、施工、运行管理、技术改造等)全方位地分析问题,研究问题,找出各方面的主要矛盾,从而采取综合措施,达到最大程度地节约电能。下面结合米兰世纪小区智慧供热项目,介绍津联热电供热系统二次管网节电降耗措施。

米兰世纪小区有 70 栋楼,居民 1280 户,供热面积 16.4 万 m^2,小区内设置 4 座热力站,最大供热半径约 280m。米兰小区工况复杂,私改范围较大,存在散热器与地板辐射供暖混供比例高的情况,小区有别墅、小高层建筑等不同建筑结构,楼内二次管网比较复杂,供暖效果不理想。米兰世纪小区智慧供热项目经过 5 个月的建设和调试,于 2023 年 2 月底调试完毕,基本达到原建设目标,具备正式运行、调控能力。从 2023 年 3 月的运行情况来看,有效投诉率为 0,与上一个供暖期相比,耗电量大幅度减少,达标稳定运行后,预计单位面积月用电量可由原来 0.357kWh/(m^2·月)减少到 0.255kWh/(m^2·月)。

1. 项目整体情况

"米兰世纪小区二次管网平衡调控项目"以二次管网平衡调试及智能调控为主要内容，以智能控制软件为中心，把具有远传功能的智能调节阀、显示供暖质量的室内温度采集器，以及热力站配套的 PLC、循环泵、变频器的调控管理融为一体，利用各控制参数，采用人工智能的方式，合理控制、指挥供热系统的运行和调控。充分利用了成熟经验、大数据等先进技术及数字化转型的有利契机。

项目整体分为硬件部分（智能调控阀、室内温度采集器）、软件部分和改造部分（各种仪表、循环泵、变频器、PLC）等，其中硬件部分、改造部分随着米兰世纪小区的供热改造项目完成实施，软件部分作为智慧供热调控的核心，由具有能力的合作方来承担。

2. 配套设备的建设

（1）机房设施的建设

2022 年 10 月 27 日，防火墙及交换机安装及调试完成，按照网络建设要求，在确保信息安全的前提下，打通上下位网络通信。

（2）智能阀、室内温度采集器的建设

室内温度采集器安装在具有代表性的室内供暖区域，考虑到用户接受程度和使用效果，拟选取 10% 的用户作为典型用户进行安装，典型用户的选取要考虑到边住户、顶底住户、中间住户、最不利工况用户等，覆盖绝大部分用户的用热形式及围护结构（图6-43）。

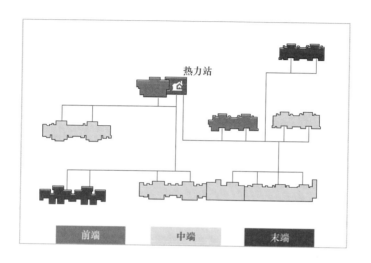

楼层	一单元		二单元		三单元	
11	顶底住户	顶底住户	顶底住户	顶底住户	顶底住户	顶底住户
10	边住户	中间住户	中间住户	中间住户	中间住户	边住户
9	边住户	中间住户	中间住户	中间住户	中间住户	边住户
8	边住户	中间住户	中间住户	中间住户	中间住户	边住户
7	边住户	中间住户	中间住户	中间住户	中间住户	边住户
6	边住户	中间住户	中间住户	中间住户	中间住户	边住户
5	边住户	中间住户	中间住户	中间住户	中间住户	边住户
4	边住户	中间住户	中间住户	中间住户	中间住户	边住户
3	边住户	中间住户	中间住户	中间住户	中间住户	边住户
2	边住户	中间住户	中间住户	中间住户	中间住户	边住户
1	顶底住户	顶底住户	顶底住户	顶底住户	顶底住户	顶底住户

图6-43 用户室内温度采集器安装示意图

3. 软件功能

（1）软件的功能

软件包括基础信息、运行监控、智能调控、二次管网平衡功能模块等主要功能，是将智能调节阀、室内温度采集器、循环泵变频、二次管网供水温度、环境温度、历史数据等融合为一体的系统工具。其本身具备调试过程中的数据参照和统计，运行过程中的有效调控，热用户、热力站等相关运行参数的监视，设备设施的自动调整与启停，上级部门发布的参数调整与执行等功能。

（2）二次管网平衡调节方式

二次管网平衡调节分两个阶段：

第一，按照各单元阀对应机组的回水温度进行调节，即不区分别墅、小高层建筑等建筑结构，各单元回水温度基本一致，同时最末端保持最大开度。

第二，按照不同类型（中间单元、边角单元、别墅）分别按照对应的室内温度数据分析回水温度调节系数，提高控制精度，实现精细化调整，并通过手持流量计进行现场详细测量和验证（米兰世纪小区 4 号站平衡分析图见图 6-44）。

（3）热力站调节方式

前期热力站二次管网供水温度根据经验进行设定，同时从软件平台调整 PID 参数，实现较高调控精度。二次管网调节平衡后，软件根据室内平均温度、室外综合气象等数据，进行

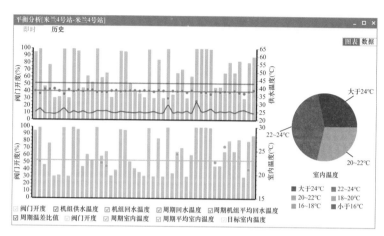

图6-44　米兰世纪小区4号站平衡分析图

二次供水温度的计算，并定周期下发到热力站机组，自动调控。

4. 调试方法

智慧供热系统参与完成横向平衡粗调试后，配合人工干预进行竖向平衡细调试。

（1）横向平衡粗调试

充分利用智能调节阀的开度及回水温度等参数，参考最不利工况热用户的室内温度数据，以热力站二次管网回水温度为目标，适当调整供回水压力及流量，确保所有单元阀回水温度趋于一致，达到要求，对异常工况进行记录，从数据上检查无欠供现象的发生（实际状态可能存在），室内温度采集器采集的平均室内温度为系统下发温度，二次管网横向调试基本完成。

第6章

（2）竖向平衡细调试

分析单元回水温度与阀门开度不符、回水温度过高与过低、室内温度显示偏离目标值过多等异常工况。其中，阀门开度原则上与管线长度及流量关联明显，即距离热力站越近，阀门开度应该越小；与热力站同距离时，阀门开度越大，流量越大。回水温度过高，室内温度偏离目标较多，可表明此用户流量偏大。

如系统发现智能阀开度等可远程纠偏的问题，予以远程解决；对于无法远程处理的，则辅以人工干预。人工干预时，可携带超声波流量计、红外线温度计等简易设施设备，使处于并联状态下的本单元各热用户流量处于均衡状态，减少或消除超供热用户存在的问题，达到节能和节电目的。

当系统显示异常工况已消除，所示参数均在正常范围内时，可视为水力平衡调整完成。

5. 节电调试过程

第一阶段：2022 年 11～12 月，本项目刚改造结束，为了让热用户有更好的改造体验，提高了供热流量，故耗电量高。

第二阶段：2023 年 1 月，通过软件进行二次管网平衡粗调节；系统得到改善，但仍有较大缺陷。

第三阶段：2023 年 2 月推进细调节，在保证远端热用户室内供暖工况的基础上，适当调整循环泵频率（35～38Hz）、供水压力、阀门开度，达到降低单位供热面积供水流量的目的。

第四阶段：在保证远端热用户流量的基础上，继续降频（35～30Hz），调节阀门开度，2023 年 3 月份的数据已趋于合理状态。

按照楼栋距离热力站远近排序，绘制平均室内温度图，如图 6-45 所示。前端、中端、末端的平均室内温度趋势没有下降，说明室内温度不再是近端高、远端低。

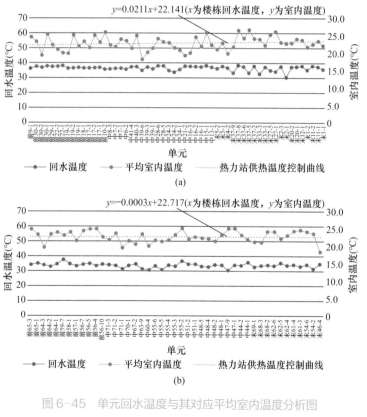

图 6-45　单元回水温度与其对应平均室内温度分析图

（a）1、2 号站；（b）3、4 号站

6. 耗电量计算

通过调试后的实际运行，耗电量降低较为明显。2021—2022 供暖期和 2022—2023 供暖期耗电量统计如表 6-10 所示，2022 年 11—12 月份由于数据对接和调试，耗电量高于 2021 年同时期；2023 年 1 月开始通过逐步调整二次管网平衡及循环泵频率，节电效果明显。参照电表数据，与 2022 年 3 月同期比节电 53.9%，考虑到气温、相关数据误差等影响因素，最终节电量按照电表显示数据 70% 进行计算，米兰世纪小区同比节电率达到 37.7%。

2021—2022 供暖期和 2022—2023 供暖期耗电量与
节电率统计　　　　表 6-10

月份	11 月	12 月	1 月	2 月	3 月
2021—2022 供暖期各月耗电量（万 kWh）	59416	60815	61065	54587	59080
2022—2023 供暖期各月耗电量（万 kWh）	66127	76911	59176	45773	27231
节电率	-11.3%	-26.5%	3.1%	16.1%	53.9%

考虑严寒期供热系统自动调整会造成流量变化，因此实际节电率应该予以系数调整，以供暖首末期为基准，12—2 月份作为严寒天气，供暖热水管网循环流量较基准会增加 40%，因此，计算年实际节电率为 28.6%。

按照 2021—2022 供暖期米兰世纪小区总体耗电量 29.5 万 kWh 来计，预计稳定运行后，每个供暖期可节约耗电量约 8.43 万 kWh，按照 0.67 元 /kWh，可节省用电成本约 5.65 万元。

6.2.4　河北邢襄热力集团有限公司降低热力站单位面积耗电量的先进经验

河北邢襄热力集团有限公司（以下简称邢襄热力）成立于 1985 年，原为邢台市煤气热力总公司，负责邢台市主城区的集中供热工作。目前，集团供热在网面积 4165 万 m²，供热管网 407.7km，热力站 399 座，终端在网用户达 36.5 万户，热用户均为直管到户。

邢襄热力坚持服务质量优先，精细化管理为重点，全面深化能效管理意识，多年来充分挖潜增效，提高能源利用率，促进企业精细化管理和能效水平不断提高。经过不懈努力，供暖期热力站单位面积耗电量不断降低，从 2013—2014 供暖期的 1.531kWh/m² 下降至 2022—2023 供暖期的 0.575kWh/m²，降幅达 62.4%，如图 6-46 所示。

在国家"双碳"目标背景下，各级管理部门对供热企业提出了新的要求，不仅要求供热质量有保障，满足热用户舒适性的要求；同时还要不断降低供热能耗，减少过量供热的问题，对室内温度实现精准调控，解决二次管网水力不平衡和热量不平衡问题。针对以上情况，邢襄热力从技术和管理两个方面着手，主要进行了以下几方面的工作。

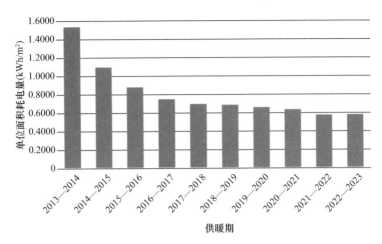

图 6-46 邢襄热力各供暖期热力站单位面积耗电量变化图

1. 进行二次管网平衡改造，解决水力失调问题

由于各种因素的影响，在冬季运行过程中往往出现水力失调，热用户的实际分配流量与需求量偏差较大。水力失调会造成能源的大量浪费，会出现各供暖建筑物之间室内温度偏差大、冷热不均的情况。因此，必须采取有效措施解决供热管网水力失调问题。

邢襄热力自 2013 年开始进行二次管网平衡改造，目前已实现平衡调节全覆盖，共计安装庭院管网平衡装置 3 万余套，户端平衡装置 5 万套。改造后，不仅对管网水力失调改善效果明显，而且对能源节约有着明显的效果。热量的均衡输送提高了管网末端热用户室内温度，获得了良好口碑。

（1）管网静态平衡阀改造效果分析

1）热力站内数据对比

2015 年夏季分别对煤北站、水文队站等热力站进行管网平衡改造，供热期分别对各站内二次管网供回水温差、水泵频率及电指标数据进行对比分析。数据分别来自 2014—2015 供暖期（改造前）和 2015—2016 供暖期（改造后），详见表 6-11。

热力站平衡改造前后数据对比表　　表 6-11

序号	热力站名称	供暖形式	二次管网供回水温差（℃）			循环泵频率（Hz）			电指标		
			改造前	改造后	改造前后差值	改造前	改造后	改造前后差值	改造前 [kWh/(m²·a)]	改造后 [kWh/(m²·a)]	降幅
1	花园二期站	普通供暖	6.89	11.13	-4.24	46.3	38.3	8.0	1.352	0.767	43.27%
2	煤北站	普通供暖	5.9	9.96	-4.06	41.9	33.6	8.4	0.996	0.530	46.79%
3	水文队站	普通供暖	4.4	6.96	-2.56	37.6	32.6	5.0	1.207	0.684	43.33%
4	五二零站	普通供暖	7.14	10.58	-3.44	35.5	29.3	6.2	1.053	0.564	46.44%
5	县联社站	普通供暖	4.74	8.73	-3.99	43.1	37.9	5.2	1.378	1.021	25.91%

从表中可以看出各热力站二次管网平衡改造前后，供回水温差增大，循环泵频率降低，热力站电指标大幅下降。

2）室内温度数据对比

2015 年夏季，在五二零小区每个单元前的回水干管上安装 KPF 静态水力平衡阀，共安装 88 台 DN50 静态水力平衡阀。在供热前期多次使用专用仪表对系统进行平衡调试，同时调整循环泵频率，最终达到最大程度静态水力平衡。邢襄热力在该小区管网改造前，在不同单元不同楼层分别安装室内温度采集器，共 100 台。经过两个供暖期，共有 86 台室内温度采集器可以正常提供数据，数据分析结果如图 6-47 所示。

图 6-47 中的曲线 A 和 B 分别代表供热管网平衡阀调节前后的热用户室内温度变化情况，横坐标表示室内温度分布，纵坐标表示热用户数量。由图 6-47 中可以看出，平衡阀调节前不同热用户室内温度分布比较分散，既有室内温度小于 18℃的热用户，也有室内温度大于 24℃的热用户。热用户室内温度"近热远冷"，供热管网存在水力不平衡现象。

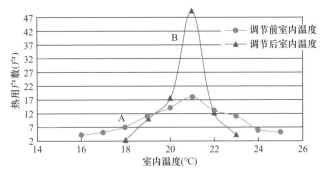

图 6-47　调节前后热用户室内温度对比图

平衡阀调节后，有 49 户热用户室内温度在 20～21℃之间，从图中可以看出不同热用户室内温度分布范围缩小，平均室内温度降低。不仅减少了供热量，还大大提高了供热品质。

（2）户端智能阀改造效果分析

在守敬东小区共有 892 户热用户安装了智能阀，其中缴费热用户 655 户，未开栓热用户 237 户。供暖期在线热用户 647 户，离线热用户 8 户。正常热用户比例约为 98.78%。

1）室内温度分析

统计智能阀系统投运前后各室内温度段内的热用户数量，详见表 6-12。

智能阀系统投运前后各室内温度段内的热用户数量表（户）

表 6-12

日期	室外平均温度（℃）	小于18℃的热用户数量（户）	18～20℃的热用户数量（户）	20～22℃的热用户数量（户）	22～24℃的热用户数量（户）	24℃以上的热用户数量（户）
11 月 17 日（智能阀系统投运前）	6.5	4	38	45	20	2
次年 1 月 3 日（智能阀系统投运后）	1	0	10	60	39	0

从表 6-12 中可以看出，智能阀系统投运后，室内温度主要集中在 20～22℃和 22～24℃的室内温度段中，基本解决了垂直管网的水力失调问题。

2）热力站电指标分析

守敬东站户端智能阀系统经过多次调整，在保证室内温度的情况下，通过逐步降低循环泵频率，达到节能降耗的目的（表6-13）。

守敬东站数据汇总表   表 6-13

序号	结束时间	开栓面积（m²）	平均室外温度（℃）	平均室内温度（℃）	循环泵频率（Hz）	日耗电量（kWh/d）	电指标kWh/（m²·a）	备注
1	11月18日	45143	7.3	19.7	41	284	0.7612	未开启智能阀系统
2	11月21日	45143	9.5	21.2	40	258.4	0.6926	开启自动平衡
3	11月25日	47582	−0.3	21.6	39	233	0.5925	系统第二次调整
4	12月6日	47582	7.8	21.5	35	171.2	0.4354	系统第五次调整
5	12月8日	43742	16.5	22.5	33	141.1	0.3903	系统第七次调整

从表6-13中可以看出，守敬东站电指标从0.7612kWh/（m²·a），降低到0.3903kWh/（m²·a），降幅达到48.7%，降幅明显，达到节能降耗的目的。

2. 优化系统设计，提升运行能效

（1）合理取消部分循环泵止回阀

邢襄热力注重对各项运行数据进行分析研究，总结出最佳运行策略，其中对止回阀还进行了专项分析。目前，所有水泵都已实现变频控制，通过变频器对水泵进行启动和停止，在出现故障停泵时可通过水泵变频器设备，达到水流缓慢运行或停止的状态，从而消除水锤现象。自2014年开始，拆除单水泵机组的循环泵止回阀，对北大郭西、维也纳、市政维护处三个热力站进行拆除止回阀测试，记录拆前后的水泵频率、流量、压力、扬程等相关数据，并计算出相应的耗电量，详细数据如表 6-14～表 6-16 所示。

北大郭西热力站拆除止回阀前后数据记录　表 6-14

参数	水泵频率（Hz）	流量（m³/h）	出口压力（MPa）	进口压力（MPa）	扬程（m）	电流（A）	电压（V）	电功率（kW）	理论日用电量（kWh）	每年用电量（kWh）
止回阀拆除前	30	41.9	0.348	0.247	10.1	14.9	408	8.95	214.8	25990.2
止回阀拆除后	27	42.1	0.329	0.245	8.4	13.4	408	8.05	193.2	23373.7
节能比例	10.07%									

维也纳热力站拆除止回阀前后数据记录　表 6-15

参数	水泵频率（Hz）	流量（m³/h）	出口压力（MPa）	进口压力（MPa）	扬程（m）	电流（A）	电压（V）	电功率（kW）	理论日用电量（kWh）	每年用电量（kWh）
止回阀拆除前	38	345	0.55	0.362	18.8	94	408	56.46	1355.1	163965.1
止回阀拆除后	35	344	0.52	0.36	16	83	408	49.85	1196.5	144777.7
节能比例	11.70%									

市政维护处热力站拆除止回阀前后数据记录 表6-16

参数	水泵频率（Hz）	流量（m³/h）	出口压力（MPa）	进口压力（MPa）	扬程（m）	电流（A）	电压（V）	电功率（kW）	理论日用电量（kWh）	每年用电量（kWh）
止回阀拆除前	26	62.8	0.32	0.24	8	19.9	408	11.95	286.9	34711.8
止回阀拆除后	22	62.9	0.297	0.237	6	17.9	408	10.75	258	31223.1
节能比例	10.05%									

2015—2016年开始大面积取消止回阀，2017年在新热力站设计中根据实际需求取消止回阀装置，免除了止回阀设备及安装费用。从2018年开始，热力站站内工艺布置采取多项优化措施：调整管道工艺流程，提高阀门品质、减少站内阀门数量，提升水泵输送能力，极大降低热力站站内阻力。在设计循环泵时，泵的扬程从32m降低到了20m左右，部分泵选型扬程降到20m以下。随着水泵功率的下降，进一步降低了耗电量。

（2）优化循环泵选型

实际工程中，为了便于调节，设计人员往往会在设计时选择型号较大的水泵，通过加大水泵的扬程、提高水泵的循环流量等方式弥补系统水力失调的影响。这种"大流量、大扬程"的配置，在能耗管理粗放的时期有一定的适用性，而在系统规模不断扩大、精细化水平要求不断提高的当下，必然会增加供热设备的投资和运行费用，不利于企业的良性发展。

选用高效、节能的设备是降低耗电量的重要手段。在热力站中应选用具备有能效高、使用寿命长、易于维护等特点的优质水泵、电机，在设备选型时还应考虑其与整个供热系统的匹配度，确保其能够在整个供暖期高效运行。

通过调节循环泵频率，优化流量配比，可控制二次供回水温差在一个最优的区间。通过对水泵机械特性、管路系统阻力特性校核，可确定最优运行参数。对循环泵扬程、流量与功率进行测试，并且结合实际运行工况，找到循环泵的最佳运行效率，使工作点一直处于高效区。部分热力站循环泵调整记录如表 6-17 所示。

部分热力站循环泵调整记录　　　　表 6-17

热力站名称	循环泵选型						目前循环泵		
	计算流量（m³/h）	计算扬程（m）	型号	额定流量（m³/h）	额定扬程（m）	电机功率（kW）	额定流量（m³/h）	额定扬程（m）	电机功率（kW）
守敬东热力站	213.76	19.64	TD150-22G/4	220	20.7	18.5	200	32	30
酒厂住宅热力站	75.95	14.6	TD100-17G/2	80	17	5.5	110	26	11
县民政局热力站	223.69	16.76	TD150-22G/4	220	20.7	18.5	160	32	22

（3）改进不合理的系统设计或布局

部分高层建筑住宅小区存在供热系统未采用高低区换热机

组分区供热，而是使用加压机组给高区供热，高区二次加压设备负责将低区供水压力提升至高区供热管网所需的压力。实际运行中，这种系统运行能耗相对较高，供热效果较差。改进的措施为通过单独设立高区供热机组可满足高区建筑用热需求，从而取消二次加压设备。部分机组经过改造后，电指标从 $0.6kWh/(m^2 \cdot 月)$ 下降至 2022—2023 供暖期的 $0.196kWh/(m^2 \cdot 月)$，降幅达到 67.33%，从而极大地提高了系统的能效。

由于管网设计不合理、二次管网供热半径过大等问题，供热系统存在着能量损失过多的现象。为了提高供热效率并节约能源，供热系统的管网布局优化至关重要。二次管网是供热系统中连接热力站和热用户的重要组成部分。通过对相邻区片热力站庭院管网进行重新规划调整或选取适当位置设立新热力站，优化管网布局、缩短管网供热半径，从而降低管网的总阻力和压力损失，提高供热系统的响应速度、控制精度和热量输送效率，使热用户获得舒适稳定的用热体验。同时，还能有效降低系统运行和维护成本，有利于长远发展。

3. 灵活调控策略，加强过程管理

邢襄热力于 2012 年研发了智慧热网供热管理系统（以下简称智慧热网），经过逐年完善与升级，平台覆盖了热源、一次管网、热力站、二次管网、热用户的全面监测与调控，可根据热用户端采集的室内温度数据，结合设备的能源消耗量及时采取相应的优化措施。每年运行期内，通过智慧热网可实现对整体供热状况的远程实时监控；通过智慧热网可对远传水、电、热能耗数据进行分析，更好地指导相关人员优化机组的运行调控。同时，通过智慧热网定期进行能源消耗评估，可帮助相关人员总结节能经验，不断提高能源管理水平。

邢襄热力注重加强员工技能培训，提高其在实际工作中的运用能力，培养员工的能效管理意识，提升整体技术水平。明确各阶段的生产目标和职责，对于生产运行部门的岗位，明确工作流程，制定严格的操作流程。对辖区内热力站运行情况、能效情况、异常问题处置情况等进行每日自查，定期汇总分析；针对排查出的异常运行数据或设备，结合运行工况深入分析研究，出具指导意见；将热力站综合能耗情况列入每周生产调度会进行专题讨论，对于高耗能的热力站列入专项督导，逐步落实整改优化方案。

4. 进行设备效能测试，确保稳定运行

为了确保设备的正常运行和有效利用，邢襄热力根据实际情况，每年对需要列入技改更换的设备进行效能测试。效能测试是通过测量循环泵的流量、压力、功率等参数，评估其输送能力、能耗和效率等性能和工作状态的过程。这项测试可以帮助供热企业了解循环泵的运行情况，及时发现并解决潜在的问题。在进行效能测试时，可以对设备进行持续的数据测试和维护，确保设备在运行中的最优状态，为安全稳定运行提供保障。

5. 结语

总体来说，降低热力站耗电量需要从多个方面入手。

供热系统的设计阶段是精细化管理的关键环节。在设计过程中，需要充分考虑到供热系统的规模、布局、建筑特性等方面的因素，通过精确计算确保供热系统的设计满足实际需求，避免资源浪费和能源损失。

供热系统的建设和安装也需要精细化管理。在建设过程中，需要严格遵守相关的技术标准和规范，确保设备的质量和安全性。同时，还需要加强施工现场的管理，确保施工进度和质量控制。设备运行期间，需要定期对供热设备进行检查和维护，及时发现和解决问题。

供热运行数据的收集和分析也尤为重要，便于进行运行效率的评估和改进。此外，降低耗电量的手段还包括优化既有供热系统的设计选型、更新高耗能设备、定期维护和保养设备、优化运行控制策略、合理安排运行方式、实时进行节能检测和评估等。

6.2.5　阳城县蓝煜热力有限公司降低热力站单位面积补水量先进经验介绍

1. 公司概况

阳城县蓝煜热力有限公司（以下简称蓝煜热力）于 2012 年 11 月 24 日登记成立，负责阳城县集中供热的建设、运营与管理。2013 年实施了阳城县县城集中供热工程，热源为 2×135MW 机组，规划设计供热面积为 629.6 万 m²。截至 2023 年，实际供热面积为 550 万 m²，热用户达 4.9 万户，最大管径为 DN900，最大高差为 136m。2015 年实施了城镇集中供热工程，供热范围为"一城七镇"，热源机组采用 2×680MW 的供热机组，规划设计供热面积为 1175 万 m²，截至 2023 年，实际供热面积为 530 万 m²，热用户达 2.7 万户，最大管径为 DN1200，最大高差为 240m，含一座隔压站及两座中继泵站。截至 2023 年，热力站数量为 120 个，二次管网最不利环路长度不超过 500m，二次管网水力平衡失调和漏损均可以快速有效得到解决。

蓝煜热力智慧供热系统通过整合云计算、大数据和 GIS 地理信息等高新技术，对热源—网—站—户全领域数据进行深度挖掘和融合，采用可视化技术，对供热平台中不断发展变化的参数及关键信息进行态势评估和趋势展示，并基于大数据分析和评估结果为供热公司提供有针对性价值的信息，从而有效辅助供热公司的供热决策和热用户端的用热策略，为提升供热企业整体管理水平和服务水平、保障供热安全提供数据支撑。

2. 供热运行和管理模式

阳城集中供热建筑类型分为居民建筑和非居民建筑，其中居民建筑占比 92.5%，非居民建筑占比 7.5%；以建筑能耗分为节能建筑和非节能建筑，节能建筑占比 27.6%，非节能建筑占比 72.4%。由此可见阳城县建筑多为非节能建筑，且非节能建筑中 90% 以上为自建庭院房，二次管网管线复杂，无论是管网平衡还是排查漏点都大大增加了难度。

蓝煜热力实行"一管到户"原则，从热源、一次管网、热力站、二次管网、楼宇管网到分户计量设计、施工、运行维护均为公司统一管理，既保障了工程质量，又能第一时间处理用户投诉，提高了用户满意率。

为了提高运行管理效率，蓝煜热力采用矩阵管理模式，将 120 座热力站分为 4 个热网所，热网所设置所长、副所长，负责安排热力站站长供暖期每个阶段的工作任务。蓝煜热力还设置了调度、生产运行、技术、用户管理、计量等职能科室，根据工作要求指挥热网所运行，同时职能科室又直接服务于生产一线，热网所遇到问题或某一项工作人手不足时，职能科室人员调配热网所参与运行。

为了有效节能降耗，运行初期，蓝煜热力制定了以热力站为单位的水、电、热考核指标。在运行过程中每天对热力站补水、用热情况进行统计，并在第二天早上调度例会对日用水量超过 2m³ 的热力站通报批评，督促站长查找漏点。每月月底会对当月热力站水、电、热使用情况排名，并进行横向与纵向对比，与去年同期进行对比，与同建筑类型热力站的进行对比，分析原因，并采取相应措施。供暖期结束后，根据节能降耗热力站排名对一线运行人员进行奖惩。

3. 主要节能措施

（1）优化设计施工环节

热力站以小规模为主，大部分热力站为 5 万 m^2、10 万 m^2，换热设备为模块化设备，方便施工、运行调节以及检修。热力站采用无人值守设计管理模式，运行参数可远传至调度中心和热网所，并且有视频监控、数据记录和超限报警等功能，通过热力站补水曲线，可以分析出失水是管网漏水，还是用户放水，从而采取不同的措施。

二次管网线路由均为蓝煜热力自主设计，由于阳城县山地多、庭院多，设计二次管网最不利环路一般不超过 500m，极大地降低庭院用户二次管网平衡调节及查找漏点的难度。二次管网分支安装关断井，如热力站补水曲线平稳则为系统失水，可通过逐步关闭分支关断井排查漏点。

把控施工过程中关键环节，从沟槽放线、开挖、回填，到管道焊接、打压、焊口保温均按照标准和规范施工，可以有效地减少管道泄漏概率。

（2）开展"冬病夏治"工作

1）加强夏季检修工作。此举是管网冬季稳定运行的保障，检修过程中会对二次管网架空处、阀门井进行重点检查保养，保证其可靠性。

2）对老旧管网逐步进行技术改造。每年对老旧小区失水量较大的二次管网进行摸底统计，尤其是保温、防腐不达标的老旧管网，这些管网需要重新设计，待时机成熟时进行改造。

（3）加强水质管理，对失水量加强考核监督

热力站热网系统补充的水为软化水，值班人员每日对二次管网水质进行抽检化验，相关职能科室专人负责对热网所管辖热力站水质进行抽检，对抽检不合格的热力站进行通报批评，多次不合格的对热力站站长予以罚款。

蓝煜热力每日以热力站为单位统计用热、用水指标，筛选分析出失水量较高的热力站，通过补水曲线初步判断是系统漏水还是用户放水。系统漏水由热网所所长带队进行查漏工作，地面无明显痕迹则用测温枪、热成像仪、逐步关闭分支等方法排查。用户放水短期内无法找出的在二次管网循环水中添加臭味剂，然后在片区楼道内进行检查。

（4）利用完善的热计量系统提升精细化管理

蓝煜热力从 2013 年开始进行热计量建设工作，目前已经实现全域分户热计量，并全部基于热计量进行两部制热价结算收缴。同时，热源、热网、热力站、热用户也都进行了供热计量设备的安装部署，如热力站补水曲线随时间变化，白天补水量高，即可判断为用户放水；可根据热计量表瞬时流量变化和累计热量变化判断放水用户，由热网所供热管家在热计量系统定期核对热表读数，对用热比同期、相同楼层热用户增加较多的热用户上门核实是否存在盗热或泄水。

蓝煜热力以御景江山、开元四季两座热力站为试点，在热

力站、单元楼前、热用户家中均安装了热计量表，对每户耗热量数据进行分析，通过其波动性来反映热用户用热习惯，并基于小区整体热用户的用热习惯、节能行为及气温预测，对热网整体运行参数、二次管网平衡、热用户流量精准输配作出指导。热计量系统具备智能化统计、分析、运行的功能，通过科技赋能达到优质供热、提质增效、提升服务、降低能耗的目的，有效提升供热系统能效和精细化管理水平。

（5）细化补水成本，提高员工节水意识

失水量较大的热力站除了会严重影响供热质量，同时也会大大增加运行成本。补水成本分为软化水成本、升温热损失成本、用电成本、措施成本四个部分，成本分析如下：

1）软化水成本：蓝煜热力软化水采用树脂软水器制备，市政用水、制作软化水、树脂反洗等合计软化水成本约为 35 元 /m^3。

2）升温热损成本：系统失水后补入系统的回水的水温为 10℃，换热器将其升温至 55℃送至热用户，1m^3 水由 10℃升温至 55℃ 的 热 量 消 耗 为：1000kg×4200J/（kg·℃）×（55℃ −10℃）=0.189GJ，购热价格为 27.5 元 /GJ，每失水 1m^3 则可视为损失热费约 5.2 元。

3）用电成本：每补水 1m^3，补水泵约用电 0.5kWh，每失水 1m^3 电费约为 0.3 元。

4）措施成本：排查漏点、臭味剂、管网检修、人员工资等成本约为 10 元 /m³。

综上所述，蓝煜热力供热系统每失水 1m³，成本约为 50.5 元。

通过成本分析进一步强化员工的节水意识，近 5 年热力站单位面积月补水量逐步降低并保持在 1.19kg/（m²·月）左右（表 6-18）。

近 5 年热力站单位面积补水量明细   表 6-18

供暖期	2018—2019	2019—2020	2020—2021	2021—2022	2022—2023
供暖期单位面积补水量（kg/m²）	6.82	8.21	5.8	5.8	5.8
供暖天数（d）	144	152	151	145	146
单位面积月补水量（kg/m²·月）	1.42	1.62	1.15	1.20	1.19

4. 结语

热力站单位面积补水量一直是各热力公司的重要生产运行指标，供热系统作为闭式水系统，失水量增加不但影响系统运行安全、增加企业成本，还直接影响到供热质量。蓝煜热力在实践中从设计、施工、运行三个方面有效降低热力站单位面积补水量。此外，也积极从智慧供热方面寻找更先进、合理和高效的节能降耗举措。

6.2.6　建投河北热力有限公司悦湖庄园热力站节能经验

建投河北热力有限公司（以下简称建投河北热力）成立于2016 年 7 月 26 日，系河北建投能源投资股份有限公司全资子公司，建投河北热力立足河北，重点面向京津冀，适时拓展外部市场。

建投河北热力悦湖庄园热力站于 2021 年建成使用，供热面积为 16.01 万 m^2，室内供暖形式为地面辐射供暖，供热半径约为 300m。站内设有高区、中区、低区 3 台机组。悦湖庄园一期热力站如图 6-48 所示。

图 6-48　悦湖庄园一期热力站

2023 年，悦湖庄园热力站以全国第一名的成绩获中国城镇供热协会"2023 年度中国供热能效领跑标杆示范热力站"（图 6-49）。取得这一荣誉不仅仅依靠企业自身先进的管理经

图 6-49　悦湖庄园热力站获中国城镇供热协会
"2023 年度中国供热能效领跑标杆示范热力站"

验，也是因为充分利用信息管理与自动化技术取代传统的运行模式，充分降低了能耗和设备故障率，提高了管理效率。

该站主要通过以下几种方式进行节能升级：

1. 设计方面的精细化控制

（1）板式换热器

1）站内板式换热器依据所需负荷精确计算，根据入住率进行修订，设定板式换热器中的水流速度为 0.5m/s，选取容量与负荷相匹配的换热器，减少非必要的扩容。从设备层面保证能源的不浪费。

2）热源温度和供暖温度之间温差小的系统（散热器供暖）选用等截面型（对称）板式换热器；该站热源温度和供暖温度的温差较大时（地面辐射供暖）选用不等截面型板式换热器，可减少约 15%～30% 的换热面积。这样选型既降低了设备投资成本，又通过减小运行阻力降低了运行成本。

3）同时控制板式换热器内水流速在 0.5m/s 以下，为了降低站内管道系统阻力损失，板式换热器的一、二次水的进出口管径不宜选取过小。如果已有板式换热器管径小、流速高，考虑设备重新购置成本，可在进出口之间加装旁通管和调节阀。

综上所述，板式换热器选取原则为：单台板式换热器一次侧进出口管径不小于系统一次侧供回水管道管径；两台以上板式换热器的进出口管径总的通流面积不小于系统总供回水管道的 80%。考虑到实际运行中热源厂输送的高温水温度、流量等参数不能满足设计参数，为了保证运行换热量和换热效率，板式换热器的实际有效换热面积比计算所需有效换热面积增加10%。

（2）循环泵

循环泵的选取同样经过流量、扬程、功率计算，达到供需平衡，发挥水泵的最高效率。

1）根据水泵的性能曲线，水泵的实际工作点（流量、扬程）由水泵及其管道系统共同决定，而管道系统的特性由整个系统的阻力决定，包括管道系统和实际工作条件，与水泵本身的特性无关。所以，循环泵的流量需与供暖系统的计算流量相匹配，扬程与管道系统的总阻力损失相符合，不能过大或过小，减少浪费。

2）在相同流量、扬程条件下，水泵选取功率低的，并在到货之后测试其参数是否与标定值一致。

3）当负荷确定不变时，水泵台数最好是一台运行，一台备用。如果两台以上循环泵并联时，流量不会单纯累加。两台循环泵并联，流量按两台循环泵累计流量的 70% 考虑，存在浪费现象。由于水泵的变频调节并不能提高运行效率，系统中设计一台 100% 负荷循环泵，备用一台 70% 计算流量的循环泵，在供暖初期和末期只启用 70% 小泵，深寒期关小泵开大泵，将供暖期简单划分为冷段和热段，分别匹配不同的循环泵，使得循环泵在运行过程中变频的幅度大大降低，尽量使其运行效率保持在高效状态。

2. 热力站运行管理方面

（1）系统热量按需分配

1）综合考虑建筑使用功能、围护结构等情况，计算热负荷大小与热用户所需的流量，并对供热系统进行深化设计及节能改造。

① 建筑保温良好，散热量低

围护结构传热系数数值满足《严寒和寒冷地区居住建筑节能设计标准》JGJ 26—2018 的要求，建筑全部采用四步节能方式，保温效果良好，降低了建筑的散热量，供暖至同一室内温度时的热量损失小，整体节约能源。

② 管道保温良好，热损失较少

地下车库管道采用聚氨酯硬质泡沫保温管，外护套为聚乙烯外护套管，保温厚度为 45mm，管井中明露的供暖管道及地下室热计量室内的供暖管道采用 35mm 橡塑保温管保温，橡塑保温材料导热系数为 0.035W/（m·K），室外明露管道和窗井内管道采用 50mm 厚聚氨酯保温，管道外采用 0.5mm 厚铝皮保护，保温层的外保护层均采用不燃材料制作。位于各层热表后至各户分集水器段的埋地供回水管道采用 10mm 厚橡塑管进行保温。一、二次管网热损失较低，能达到节约能源的目的。

③ 室内供暖形式为地面辐射供暖

该小区室内供暖形式为地面辐射供暖，对供水温度要求较低。站内运行参数为：一次侧供水温度 90～92℃，回水温度 40～42℃；二次侧供水温度 41～43℃，回水温度 37～40℃。热力站在满足其基本供热参数的前提下，保证了室内的舒适性，热用户基本无投诉现象。

2）在管网调平的基础上加大调节平衡力度，在经济流量足够的情况下，合理调整频率；合理配置，尽量取消出口止回阀，同时尝试单台水泵直管运行。

争取做到热量按需分配，有效解决冷热不均现象，最终达到远端、中端、近端热用户室内温度基本无差别。

（2）实施变频调速和远程监控技术

1）通过对室外温度进行连续性的采集、反馈，实时调节二次管网的供水温度，从而有效保证了热力站耗能与热用户之间供热负荷的匹配，使室内温度保持在一个稳定的数值范围内。

2）提高循环泵的频率，使其运行在高效区，供暖初期与末期，循环泵采用 70% 负荷的小泵，深寒期小泵停止运行，大泵开启，使原来需要变频调节的方式，通过大小泵的模式根据不同的室外温度调整循环泵的运行，达到节能节电的目的，同时大小泵的模式可降低热力站的初投资。

在智能化控制系统基础上，有效运用远程监控手段，利用计算机对热力站进行统一管理和控制，实现无人值守，既有效地实现了节能，又降低了集中供热系统的运行成本。

（3）控制循环水水质

如果循环水水质不达标，会导致管道内有污垢沉积，妨碍热力站内热交换的正常进行，降低设备工作效率。如果污垢不能及时得到清理，会增加管道内水的流动阻力，导致水的流动速度减慢，而高温水在长时间缓慢流动过程中会损失热量，降低了热源的利用率。

按照要求控制循环水水质，使其 pH 保持在 9～12 之间，水质严格控制在国家水质标准范围内，从而有效避免管道内水垢沉积现象，减少管道内水的流动阻力，提高热源的利用率，并保证热力站各设备安全运作。

（4）实行热力站为主的二次管网建设监督管理

规划前期明确关于二次管网建设和入户联网的相关设计制度规范，实行定期的现场监督管理，减少因二次管网建设监督管理不足而引发的被动管理和能耗损失。监督管理好二次管网施工，积极借鉴其他建设项目经验，从而事前影响建设方和业主方按照规定建设好二次管网和热力站，减少因建设不足所带来的一系列能耗损失。

（5）提高热力站管理人员素质

随着科技的发展，热力站设备也相应更新。比如，热力站内部安装了一、二次管网水温监控调控装置、水流量显示装置等。但由于热力站内部管理人员不愿或不会使用这些装置，大部分设备数据采集和执行机构线路并没有连接与得到运用，导致热力站设备形同虚设，没有起到实质性作用。因此，建投河北热力与高校合作，加强对热力站员工的培训，提高员工对热力站设备的操作能力和检修能力。一方面能保证设备正常运转，提高设备监控数据的精准度；另一方面热力站管理人员也能利用先进设备来掌控水温并进行合理调节，从而达到节能的目的。

在实行以上设计及运行节能措施条件下，整个供暖期悦湖庄园热力站失水量最小、能耗指标远低于其他站（表6-19）。

悦湖庄园热力站能耗指标　　　　　　表 6-19

2021—2022 供暖期	供暖期	月
单位面积耗热量	0.15GJ/m²	—
单位面积耗电量	0.82kWh/m²	0.21kWh/（m²·月）
单位面积耗水量	2.39kg/m²	0.60kg/（m²·月）

建投河北热力一直秉持着"使命在肩，奋斗有我"的原则，坚持上级的决策方针，高效提高业务水平，敢于突破创新。同时，在供热节能环保的道路上更加坚定不移地紧跟行业发展趋势。